CHIFENGSHI DISANCI QUANGUO
NONGZUOWU ZHONGZHIZIYUAN
PUCHA YU SHOUJI

赤峰市第三次全国 农作物种质资源 普查与收集

杨 薇 主编

内蒙古科学技术出版社

图书在版编目（CIP）数据

赤峰市第三次全国农作物种质资源普查与收集 / 杨薇主编. — 赤峰：内蒙古科学技术出版社，2023.8
ISBN 978-7-5380-3617-6

Ⅰ.①赤… Ⅱ.①杨… Ⅲ.①作物－种质资源－资源调查－赤峰 Ⅳ.①S329.226.3

中国国家版本馆CIP数据核字（2023）第158645号

赤峰市第三次全国农作物种质资源普查与收集

主　　编：杨　薇
责任编辑：季文波
封面设计：王　洁
出版发行：内蒙古科学技术出版社
地　　址：赤峰市红山区哈达街南一段4号
网　　址：www.nm-kj.cn
邮购电话：0476-5888970
排　　版：赤峰市阿金奈图文制作有限责任公司
印　　刷：内蒙古爱信达教育印务有限责任公司
字　　数：487千
开　　本：889mm×1194mm　1/16
印　　张：19.5
版　　次：2023年8月第1版
印　　次：2023年8月第1次印刷
书　　号：ISBN 978-7-5380-3617-6
定　　价：150.00元

如出现印装质量问题，请与我社联系。电话：0476-5888926　5888917

本书编委会

前　言

为深入贯彻落实《国务院办公厅关于加强农业种质资源保护与利用的意见》（国办发〔2019〕56号）和《全国农作物种质资源保护与利用中长期发展规划（2015—2030年）》（农种发〔2015〕2号）精神，按照《第三次全国农作物种质资源普查与收集行动实施方案》（农办种〔2015〕26号）和《自治区农牧厅关于印发〈第三次全国农作物种质资源普查与收集行动内蒙古2020年实施方案〉的通知》（内农牧种发〔2020〕154号）的要求，赤峰市2020年启动了第三次全国农作物种质资源普查与收集行动，圆满完成了11个旗县区、137个乡镇主要农作物种质资源的普查收集工作。本次普查，抢救性收集和保护了珍稀、濒危作物野生种质资源和特色地方品种，收集了一批珍稀种质资源，并对收集的种质资源进行鉴定、保存，深入研究、发掘优异基因，丰富了赤峰市种质资源的遗传多样性，对促进全市农业可持续发展具有重要意义。

在此次普查行动中，赤峰市农牧科学研究所共收集玉米、谷子、大豆、高粱、向日葵、小麦、糜黍、荞麦、燕麦、食用豆、马铃薯等20余种优异种质资源557份，其中，粮食作物品种382个，经济作物品种37个，蔬菜品种133个，牧草品种1个，树品种4个。最终提交国家种质资源库365份。

为系统梳理“第三次全国农作物种质资源普查与收集行动”和“赤峰市农作物种质资源收集鉴定与保存”的项目成果，全面总结赤峰市农作物种质资源收集、鉴定和评价工作，赤峰市农牧科学研究所组织全所10个专业研究部门和全市农牧系统60余名专家精心编写了《赤峰市第三次全国农作物种质资源普查与收集》一书。书中系统总结了赤峰市在农作物种质资源收集、保存、鉴定和评价等方面的工作，图文并茂地展示了谷子、玉米、高粱、糜黍、荞麦、燕麦、小麦、向日葵、马铃薯、食用豆、大豆等农作物种质资源的主要特征特性、优异性状及收集地点，对推动农作物种质资源的收集保护和共享利用具有重要意义。

在种质资源收集、鉴定、入库和本书编写过程中，农业农村部、中国农业科学院、内蒙古农牧业科学院、赤峰市农牧局等单位领导和专家给予了大力支持和指导，在此致以诚挚的谢意。

由于编者水平有限，本书在文字表述、图片拍摄等方面难免存在不足之处，恳请广大读者批评指正。

编　者

2023年4月

目 录

P150422006 散穗毛毛谷

作物名称　谷子

种质名称　散穗毛毛谷

科　　名　禾本科

属　　名　狗尾草属

种　　名　粟

学　　名　*Setaria italica*

采 集 地　内蒙古赤峰市巴林左旗十三敖包镇东风村

主要特征特性　优质，抗旱，广适，耐贫瘠。苗色绿，叶鞘色绿，幼苗叶姿半上冲，株高167cm，穗长24cm，穗粗4.0cm，千粒重3.1g，穗码松，长芒，生育期112天左右，棍棒穗形，谷壳浅黄色，米色黄，高抗白发病、高抗谷瘟病，易倒伏。

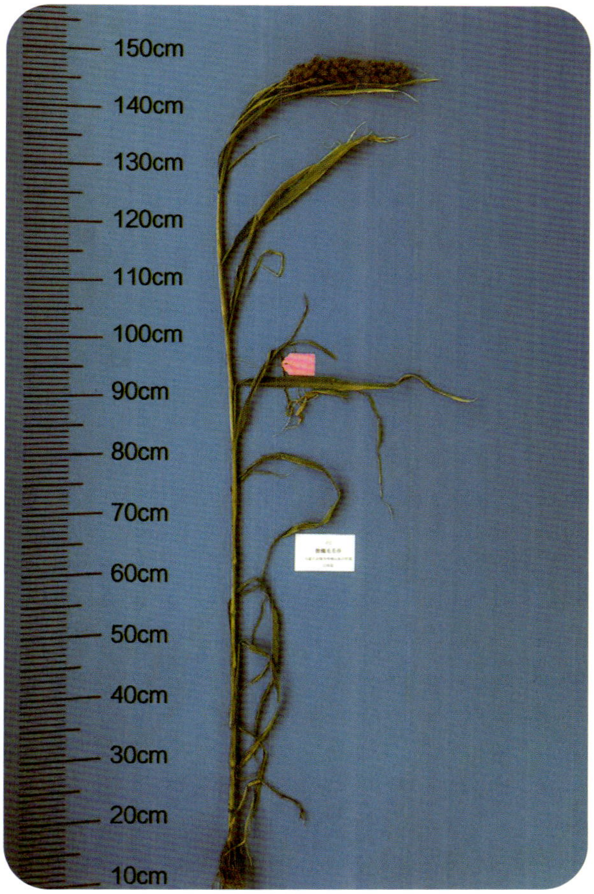

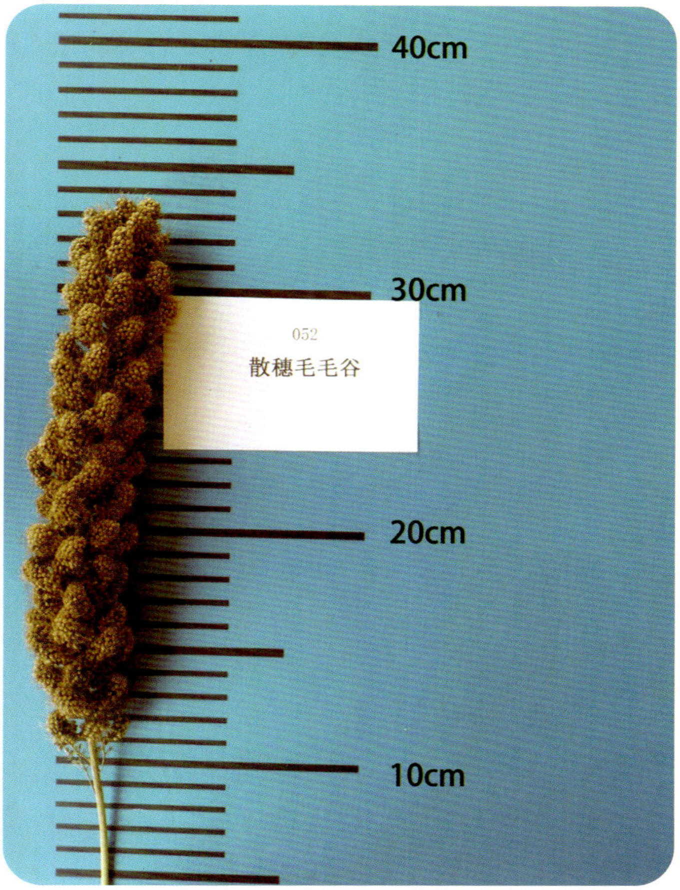

P150422007 红苗细穗

作物名称　谷子

种质名称　红苗细穗

科　　名　禾本科

属　　名　狗尾草属

种　　名　粟

学　　名　*Setaria italica*

采 集 地　内蒙古赤峰市巴林左旗十三敖包镇东风村

主要特征特性　优质，抗旱，广适，耐贫瘠。苗色绿，叶鞘色紫，幼苗叶姿半上冲，株高168cm，穗长36cm，穗粗4.0cm，千粒重3.0g，穗码松，短芒，生育期115天左右，纺锤穗形，谷壳浅黄色，米色黄，高抗白发病、高抗谷瘟病，抗倒伏。

P150422009 小白米毛毛谷

作物名称　谷子

种质名称　小白米毛毛谷

科　　名　禾本科

属　　名　狗尾草属

种　　名　粟

学　　名　*Setaria italica*

采 集 地　内蒙古赤峰市巴林左旗十三敖包镇西沟村

主要特征特性　优质，抗旱，广适，耐贫瘠。苗色绿，叶鞘色紫，幼苗叶姿半上冲，株高115cm，穗长19cm，穗粗3.0cm，千粒重3.0g，穗码松，长芒，生育期114天左右，圆筒穗形，谷壳浅黄色，米色白，高抗白发病、高抗谷瘟病，易倒伏。

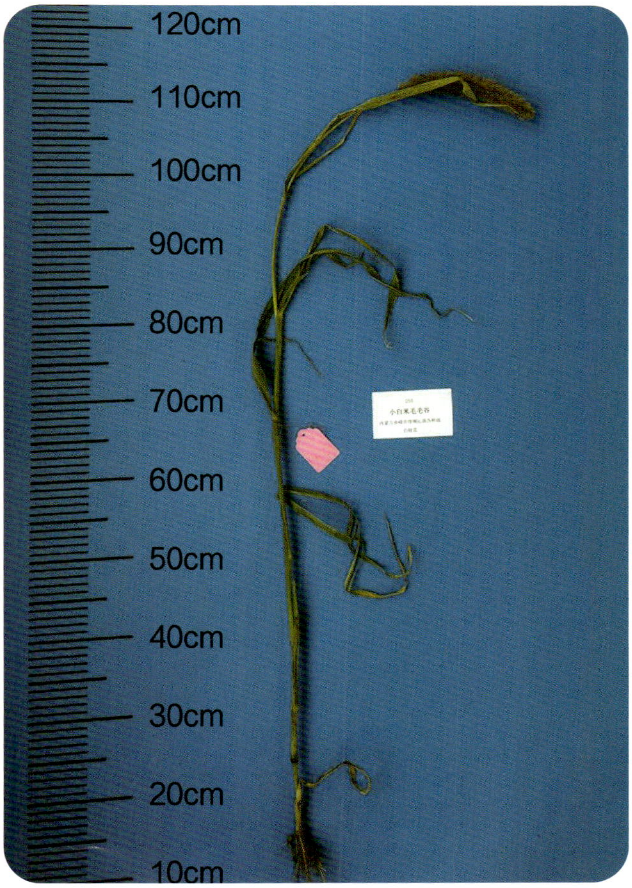

P150422010 大紫苗

作物名称　谷子

种质名称　大紫苗

科　　名　禾本科

属　　名　狗尾草属

种　　名　粟

学　　名　*Setaria italica*

采 集 地　内蒙古赤峰市巴林左旗十三敖包镇西沟村

主要特征特性　优质，抗旱，广适，耐贫瘠。苗色绿，叶鞘色紫，幼苗叶姿半上冲，株高161cm，穗长37cm，穗粗2.8cm，千粒重3.0g，穗码松，短芒，生育期112天左右，纺锤穗形，谷壳浅黄色，米色黄，高抗白发病、高抗谷瘟病，易倒伏。

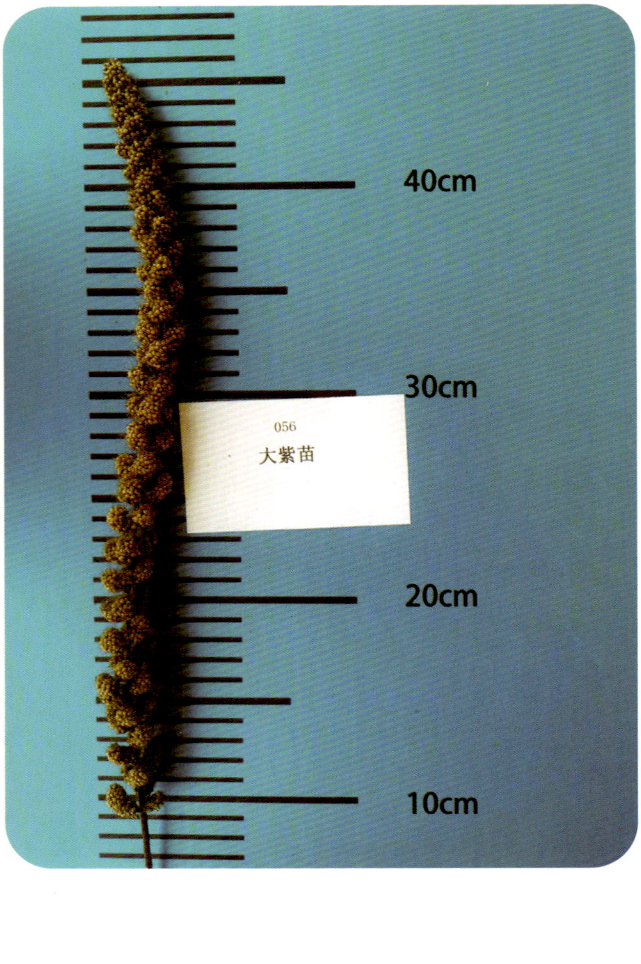

P150421014 老来变

作物名称　谷子

种质名称　老来变

科　　名　禾本科

属　　名　狗尾草属

种　　名　粟

学　　名　*Setaria italica*

采 集 地　内蒙古赤峰市阿鲁科尔沁旗天山口镇八家村

主要特征特性　优质，抗旱，广适，耐贫瘠。苗色绿，叶鞘色紫，幼苗叶姿半上冲，株高158cm，穗长20cm，穗粗3.5cm，千粒重3.0g，穗码松，短芒，生育期115天左右，纺锤穗形，谷壳浅黄色，米色黄，高抗白发病、高抗谷瘟病，抗倒伏。

P150421017 青苗金苗谷子

作物名称　谷子
种质名称　青苗金苗谷子
科　　名　禾本科
属　　名　狗尾草属
种　　名　粟
学　　名　*Setaria italica*
采 集 地　内蒙古赤峰市阿鲁科尔沁旗天山口镇天丰村

主要特征特性　优质，抗旱，广适，耐贫瘠。苗色绿，叶鞘色绿，幼苗叶姿半上冲，株高162cm，穗长28cm，穗粗3.0cm，千粒重3.0g，穗码松，短芒，生育期112天左右，纺锤穗形，谷壳浅黄色，米色黄，高抗白发病、高抗谷瘟病，抗倒伏。

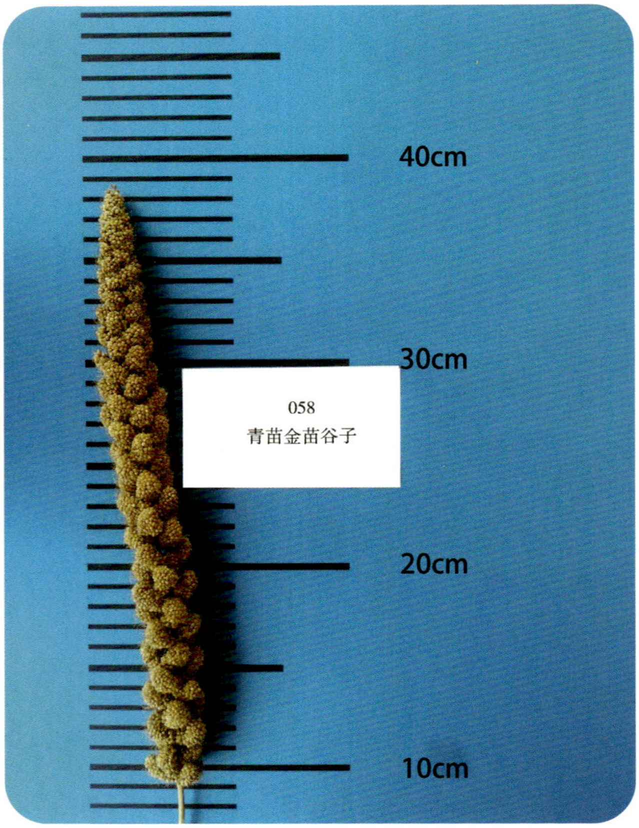

P150421019 毛毛粮

作物名称　谷子

种质名称　毛毛粮

科　　名　禾本科

属　　名　狗尾草属

种　　名　粟

学　　名　*Setaria italica*

采 集 地　内蒙古赤峰市阿鲁科尔沁旗天山口镇天丰村

主要特征特性　优质，抗旱，广适，耐贫瘠。苗色绿，叶鞘色绿，幼苗叶姿半上冲，株高144cm，穗长20cm，穗粗4.5cm，千粒重2.9g，穗码紧，短芒，生育期121天左右，圆筒穗形，谷壳浅黄色，米色黄，抗白发病、高抗谷瘟病，中抗倒伏。

P150421022 大白毛

作物名称　谷子
种质名称　大白毛
科　　名　禾本科
属　　名　狗尾草属
种　　名　粟
学　　名　*Setaria italica*
采 集 地　内蒙古赤峰市阿鲁科尔沁旗天山口镇仁义村

主要特征特性　优质，抗旱，广适，耐贫瘠。苗色绿，叶鞘色绿，幼苗叶姿半上冲，株高149cm，穗长30cm，穗粗4.0cm，千粒重3.0g，穗码松，长芒，生育期114天左右，圆筒穗形，谷壳黄色，米色黄，感白发病、高抗谷瘟病，中抗倒伏。

P150421042 红谷子

作物名称　谷子

种质名称　红谷子（60天还仓）

科　　名　禾本科

属　　名　狗尾草属

种　　名　粟

学　　名　*Setaria italica*

采 集 地　内蒙古赤峰市阿鲁科尔沁旗先锋乡西山村

主要特征特性　优质，抗旱，广适，耐贫瘠。苗色绿，叶鞘色紫，幼苗叶姿半上冲，株高154cm，穗长42cm，穗粗2.8cm，千粒重3.0g，穗码松，短芒，生育期112天左右，纺锤穗形，谷壳黄色，米色黄，高抗白发病、高抗谷瘟病，抗倒伏。

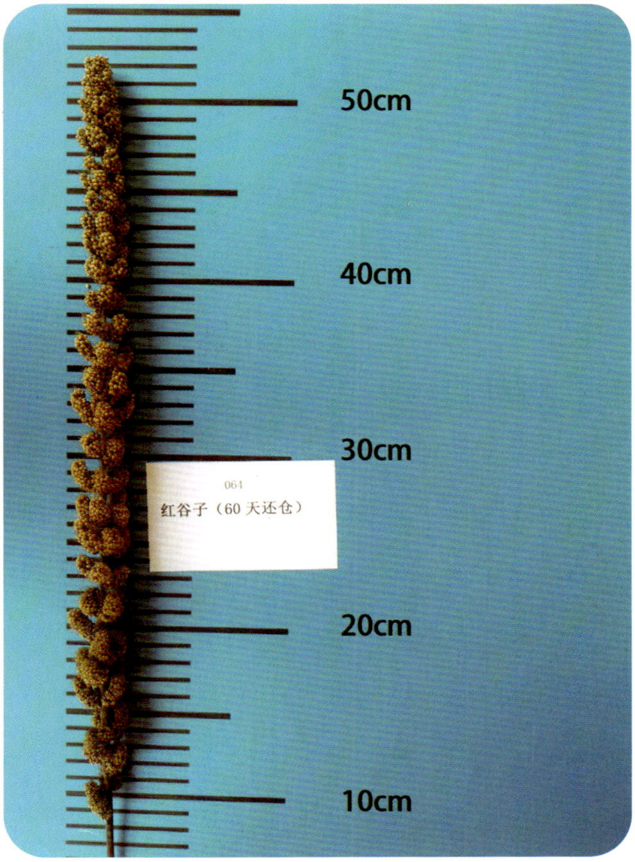

P150428012 兔子嘴小白米

作物名称　谷子

种质名称　兔子嘴小白米

科　　名　禾本科

属　　名　狗尾草属

种　　名　粟

学　　名　*Setaria italica*

采 集 地　内蒙古赤峰市喀喇沁旗王爷府镇汤土沟村

主要特征特性　优质，抗旱，广适，耐贫瘠。苗色绿，叶鞘色紫，幼苗叶姿半上冲，株高184cm，穗长36cm，穗粗3.2cm，千粒重3.0g，穗码松，短芒，生育期121天左右，猫爪穗形，谷壳浅黄色，米色白，高抗白发病、高抗谷瘟病，易倒伏。

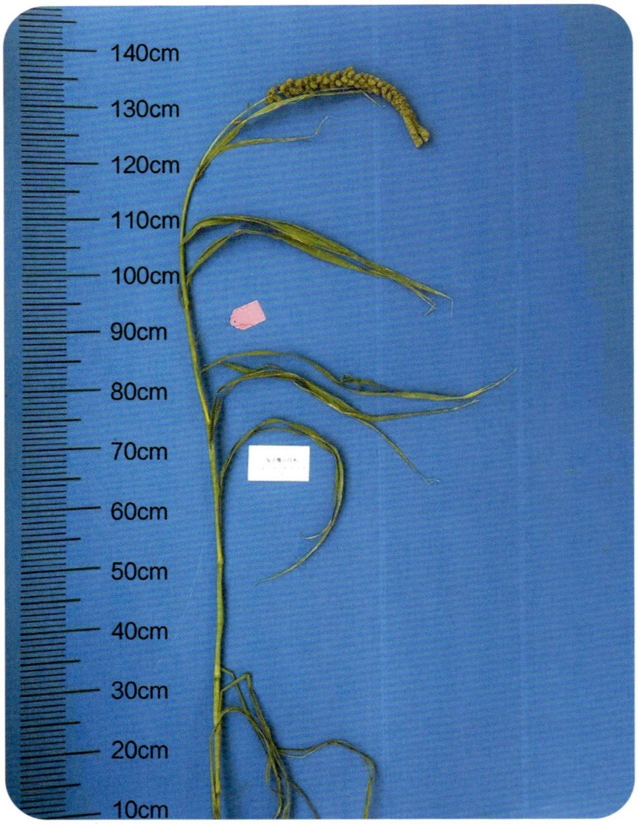

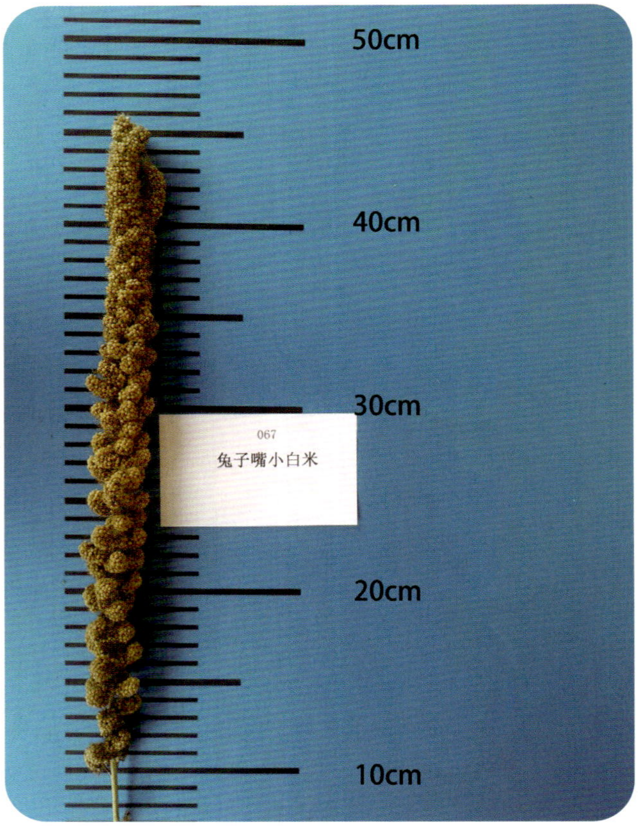

P150430007 一尺红

作物名称　谷子

种质名称　一尺红

科　　名　禾本科

属　　名　狗尾草属

种　　名　粟

学　　名　*Setaria italica*

采 集 地　内蒙古赤峰市敖汉旗新惠镇三宝山村

主要特征特性　优质，抗旱，广适，耐贫瘠。苗色绿，叶鞘色绿，幼苗叶姿半上冲，株高163cm，穗长32cm，穗粗2.8cm，千粒重3.1g，穗码松，短芒，生育期115天左右，圆筒穗形，谷壳红色，米色黄，高抗白发病、高抗谷瘟病，抗倒伏。

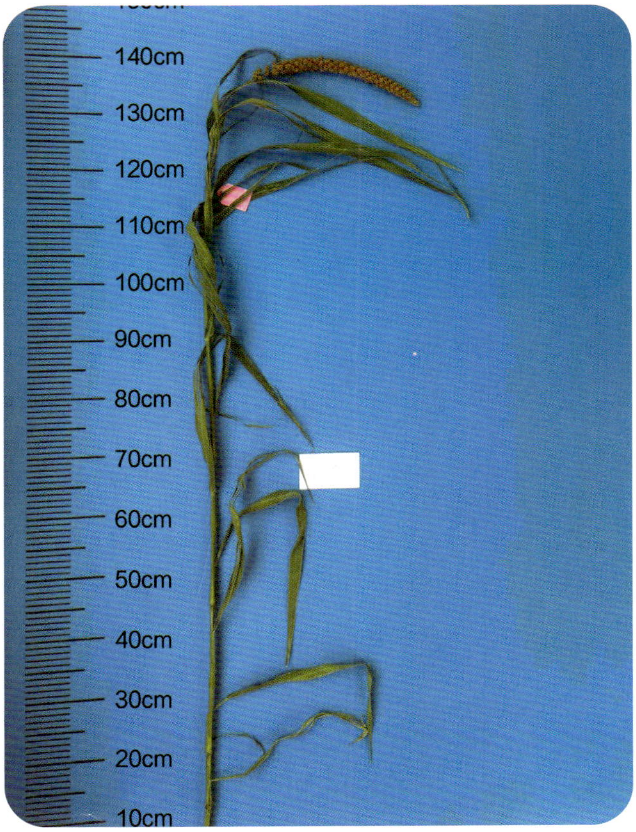

P150430014 黑皮黑谷

作物名称　谷子

种质名称　黑皮黑谷

科　　名　禾本科

属　　名　狗尾草属

种　　名　粟

学　　名　*Setaria italica*

采 集 地　内蒙古赤峰市敖汉旗新惠镇三宝山村

主要特征特性　优质，抗旱，广适，耐贫瘠。苗色绿，叶鞘色紫，幼苗叶姿半上冲，株高182cm，穗长31cm，穗粗3.5cm，千粒重3.1g，穗码松，短芒，生育期120天左右，纺锤穗形，谷壳黑色，米色黑，高抗白发病、高抗谷瘟病，中抗倒伏。

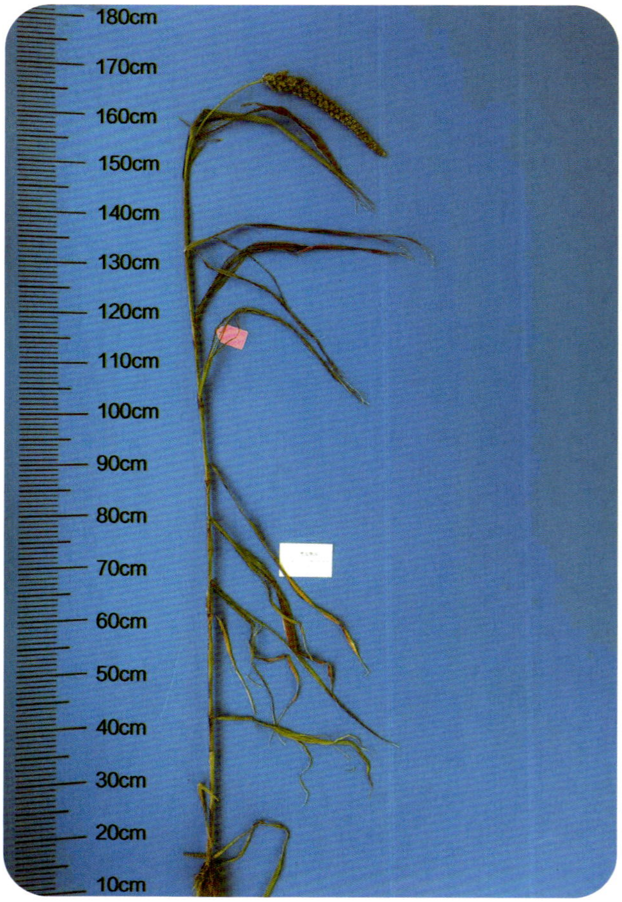

P150430016 兔子嘴

作物名称　谷子

种质名称　兔子嘴

科　　名　禾本科

属　　名　狗尾草属

种　　名　粟

学　　名　*Setaria italica*

采 集 地　内蒙古赤峰市敖汉旗敖润苏莫苏木敖润苏莫村

主要特征特性　优质，抗旱，广适，耐贫瘠。苗色绿，叶鞘色紫，幼苗叶姿半上冲，株高185cm，穗长40cm，穗粗2.8cm，千粒重3.0g，穗码松，短芒，生育期117天左右，猫爪穗形，谷壳浅黄色，米色黄，高抗白发病、高抗谷瘟病，中抗倒伏。

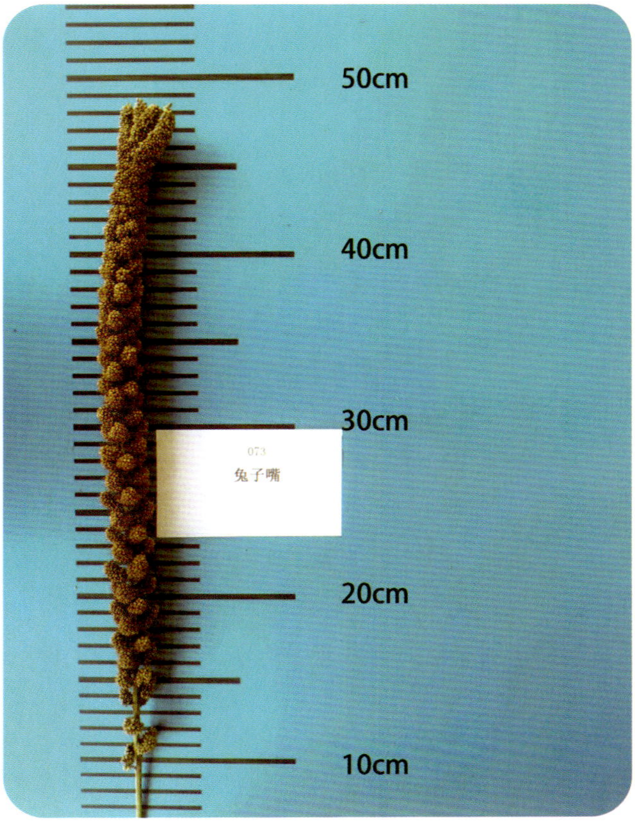

P150430017 压塌楼

作物名称　谷子

种质名称　压塌楼

科　　名　禾本科

属　　名　狗尾草属

种　　名　粟

学　　名　*Setaria italica*

采 集 地　内蒙古赤峰市敖汉旗新惠镇三宝山村

主要特征特性　优质，抗旱，广适，耐贫瘠。苗色绿，叶鞘色绿，幼苗叶姿半上冲，株高188cm，穗长36cm，穗粗2.9cm，千粒重3.0g，穗码松，短芒，生育期127天左右，纺锤穗形，谷壳白色，米色黄，高抗白发病、高抗谷瘟病，抗倒伏。

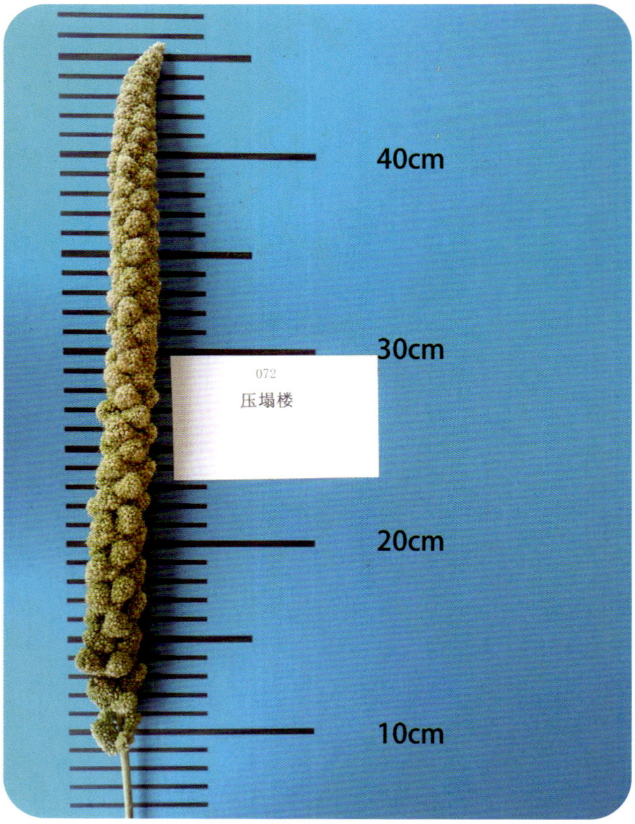

P150430019 六楞子

作物名称 谷子

种质名称 六楞子

科　　名 禾本科

属　　名 狗尾草属

种　　名 粟

学　　名 *Setaria italica*

采 集 地 内蒙古赤峰市敖汉旗新惠镇三宝山村

主要特征特性 优质，抗旱，广适，耐贫瘠。苗色绿，叶鞘色紫，幼苗叶姿半上冲，株高156cm，穗长28cm，穗粗4.5cm，千粒重3.1g，穗码松，短芒，生育期119天左右，圆筒穗形，谷壳黄色，米色黄，高抗白发病、高抗谷瘟病，抗倒伏。

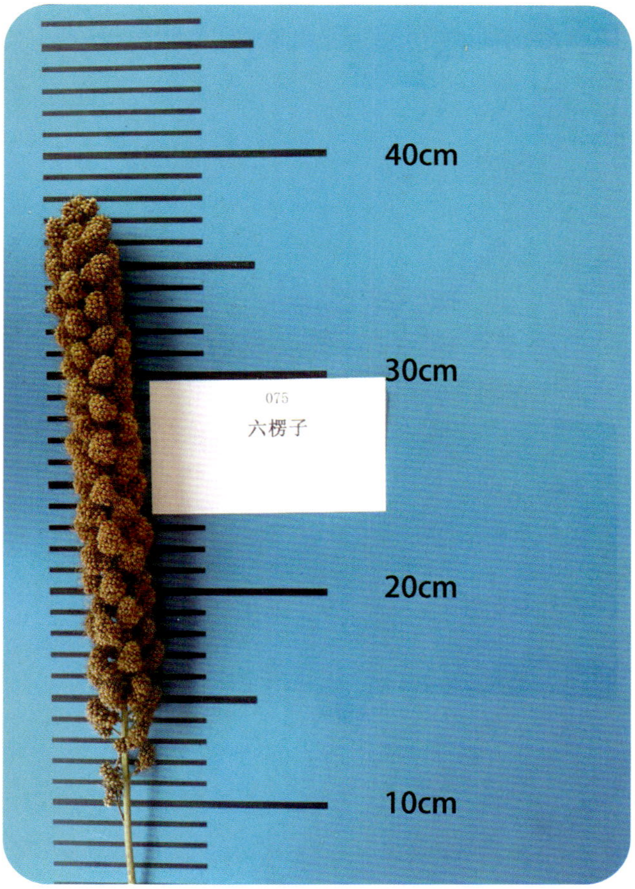

P150430020 红毛子

作物名称　谷子

种质名称　红毛子

科　　名　禾本科

属　　名　狗尾草属

种　　名　粟

学　　名　*Setaria italica*

采 集 地　内蒙古赤峰市敖汉旗新惠镇三宝山村

主要特征特性　优质，抗旱，广适，耐贫瘠。苗色绿，叶鞘色紫，幼苗叶姿半上冲，株高165cm，穗长29cm，穗粗4.5cm，千粒重3.1g，穗码松，短芒，生育期117天左右，圆筒穗形，谷壳黄色，米色黄，高抗白发病、高抗谷瘟病，抗倒伏。

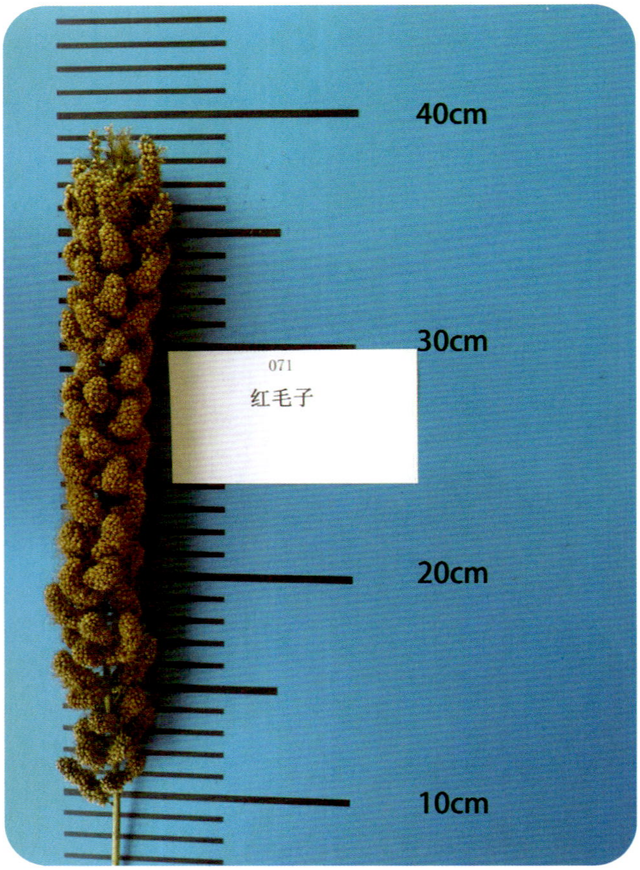

P150430021 毛毛粱（白）

作物名称　谷子

种质名称　毛毛粱（白）

科　　名　禾本科

属　　名　狗尾草属

种　　名　粟

学　　名　*Setaria italica*

采 集 地　内蒙古赤峰市敖汉旗新惠镇三宝山村

主要特征特性　优质，抗旱，广适，耐贫瘠。苗色绿，叶鞘色紫，幼苗叶姿半上冲，株高137cm，穗长15cm，穗粗5.0cm，千粒重2.6g，穗码紧，长芒，生育期117天左右，纺锤穗形，谷壳浅黄色，米色黄，高抗白发病、高抗谷瘟病，抗倒伏。

P150430022 老虎尾

作物名称　谷子

种质名称　老虎尾

科　　名　禾本科

属　　名　狗尾草属

种　　名　粟

学　　名　*Setaria italica*

采 集 地　内蒙古赤峰市敖汉旗新惠镇三宝山村

主要特征特性　优质，抗旱，广适，耐贫瘠。苗色绿，叶鞘色紫，幼苗叶姿半上冲，株高170cm，穗长36cm，穗粗4.0cm，千粒重3.0g，穗码松，短芒，生育期116天左右，圆筒穗形，谷壳黄色，米色黄，高抗白发病、高抗谷瘟病，抗倒伏。

P150430025 60天还仓

作物名称 谷子

种质名称 60天还仓

科　　名 禾本科

属　　名 狗尾草属

种　　名 粟

学　　名 *Setaria italica*

采 集 地 内蒙古赤峰市敖汉旗兴隆洼镇巴尔当村

主要特征特性 优质，抗旱，广适，耐贫瘠。苗色绿，叶鞘色紫，幼苗叶姿半上冲，株高167cm，穗长36cm，穗粗2.3cm，千粒重3.0g，穗码松，短芒，生育期122天左右，猫爪穗形，谷壳白色，米色黄，高抗白发病、高抗谷瘟病，中抗倒伏。

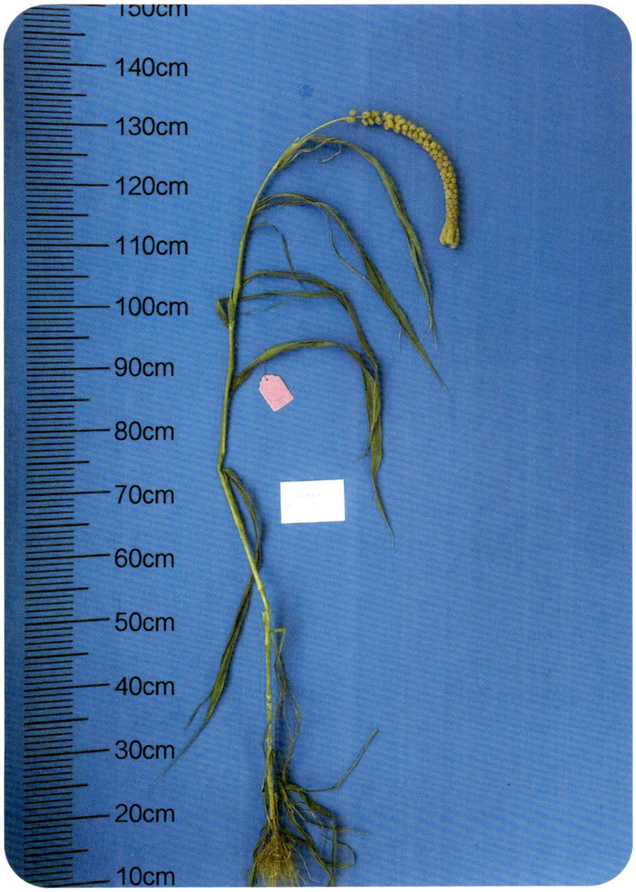

P150430026 黑沙滩小白米

作物名称　谷子

种质名称　黑沙滩小白米

科　　名　禾本科

属　　名　狗尾草属

种　　名　粟

学　　名　*Setaria italica*

采 集 地　内蒙古赤峰市敖汉旗兴隆洼镇宝国吐村

主要特征特性　优质，抗旱，广适，耐贫瘠。苗色绿，叶鞘色紫，幼苗叶姿半上冲，株高150cm，穗长33cm，穗粗4.5cm，千粒重3.1g，穗码松，短芒，生育期119天左右，圆筒穗形，谷壳黄色，米色黄，高抗白发病、高抗谷瘟病，抗倒伏。

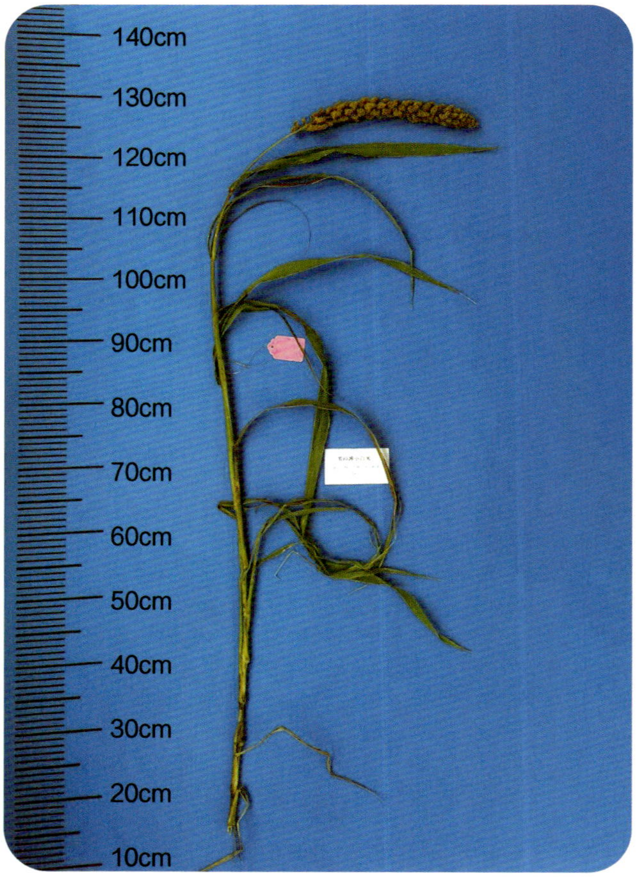

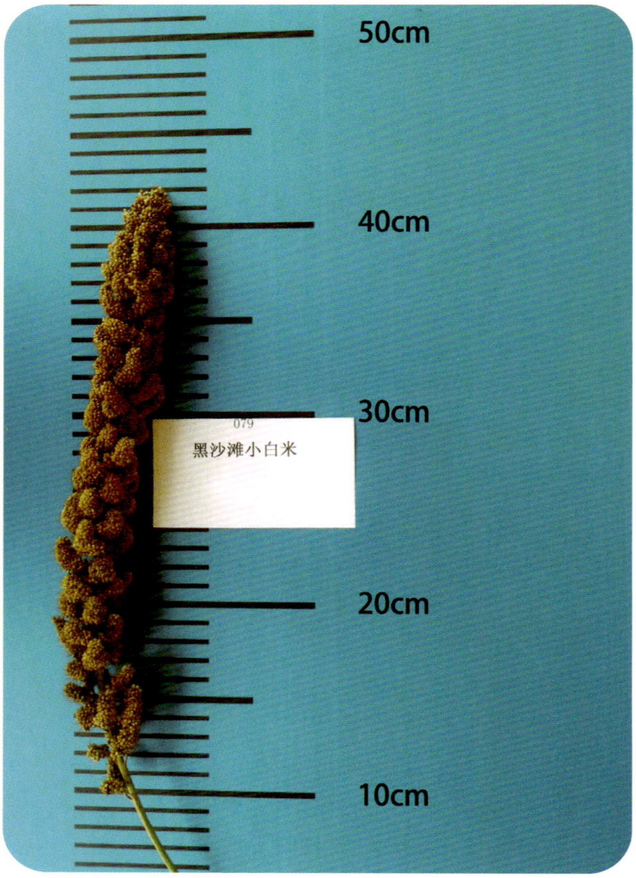

P150430031 中农21（昭农）

作物名称　谷子

种质名称　中农21（昭农）

科　　名　禾本科

属　　名　狗尾草属

种　　名　粟

学　　名　*Setaria italica*

采 集 地　内蒙古赤峰市敖汉旗新惠镇

主要特征特性　优质，抗旱，广适，耐贫瘠。苗色绿，叶鞘色绿，幼苗叶姿半上冲，株高171cm，穗长25cm，穗粗5.2cm，千粒重3.1g，穗码松，短芒，生育期125天左右，纺锤穗形，谷壳白色，米色黄，感白发病、高抗谷瘟病，抗倒伏。

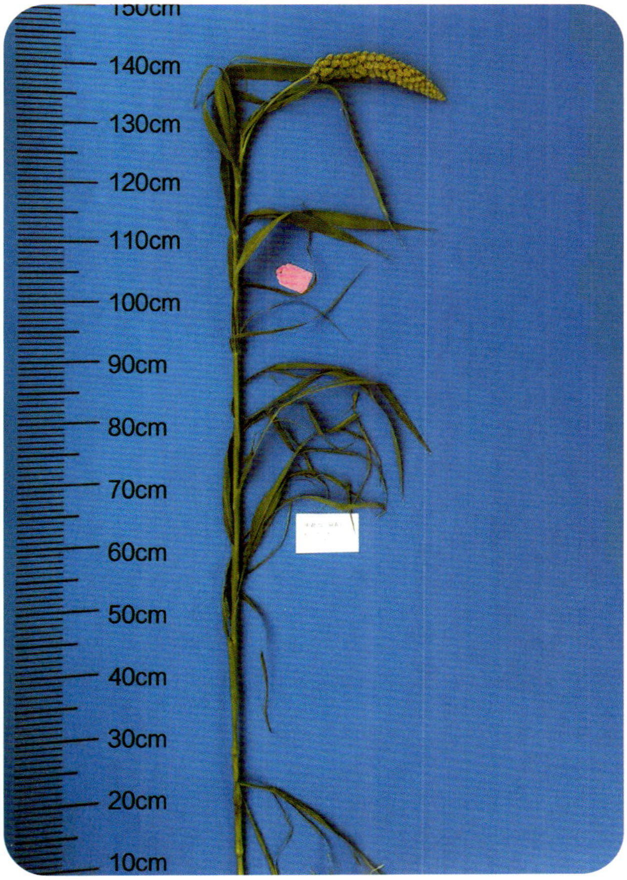

P150425013 绿谷子1

作物名称　谷子

种质名称　绿谷子1

科　　名　禾本科

属　　名　狗尾草属

种　　名　粟

学　　名　*Setaria italica*

采 集 地　内蒙古赤峰市克什克腾旗万合永镇大河村

主要特征特性　优质，抗旱，广适，耐贫瘠。苗色绿，叶鞘色绿，幼苗叶姿半上冲，株高143cm，穗长24cm，穗粗5.1cm，千粒重3.1g，穗码松，短芒，生育期114天左右，圆筒穗形，谷壳浅黄色，米色黄，高抗白发病、高抗谷瘟病，中抗倒伏。

P150426011 小白米

作物名称　谷子

种质名称　小白米

科　　名　禾本科

属　　名　狗尾草属

种　　名　粟

学　　名　*Setaria italica*

采 集 地　内蒙古赤峰市翁牛特旗五分地镇大营子

主要特征特性　优质，抗旱，广适，耐贫瘠。苗色绿，叶鞘色绿，幼苗叶姿半上冲，株高166cm，穗长29cm，穗粗2.9cm，千粒重2.9g，穗码松，短芒，生育期115天左右，纺锤穗形，谷壳黄色，米色白，高抗白发病、高抗谷瘟病，抗倒伏。

P150426028 大红谷

作物名称　谷子

种质名称　大红谷

科　　名　禾本科

属　　名　狗尾草属

种　　名　粟

学　　名　*Setaria italica*

采 集 地　内蒙古赤峰市翁牛特旗毛山东乡房申沟

主要特征特性　优质，抗旱，广适，耐贫瘠。苗色绿，叶鞘色绿，幼苗叶姿半上冲，株高162cm，穗长31cm，穗粗3.0cm，千粒重3.1g，穗码松，短芒，生育期113天左右，纺锤穗形，谷壳黄色，米色黄，高抗白发病、高抗谷瘟病，抗倒伏。

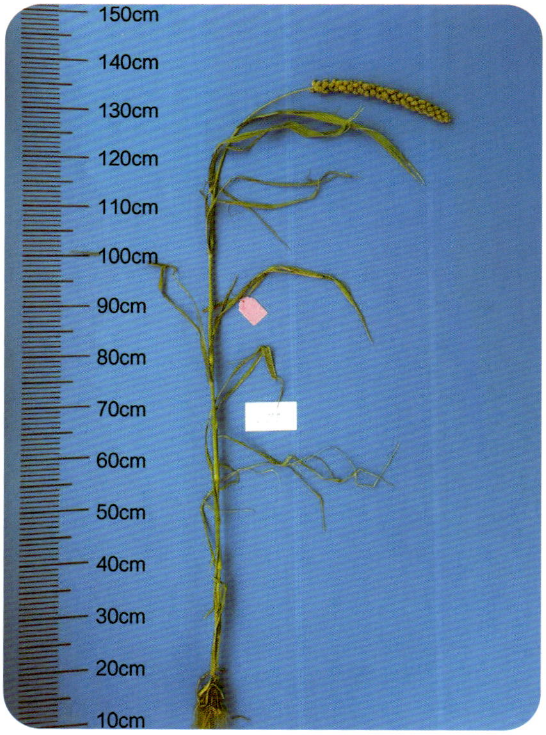

P150429037 金香玉小白米

作物名称　谷子
种质名称　金香玉小白米
科　　名　禾本科
属　　名　狗尾草属
种　　名　粟
学　　名　*Setaria italica*
采 集 地　内蒙古赤峰市宁城县右北平镇
主要特征特性　优质，抗旱，广适，耐贫瘠。苗色绿，叶鞘色绿，幼苗叶姿半上冲，株高176cm，穗长28cm，穗粗3.5cm，千粒重2.9g，穗码松，短芒，生育期114天左右，纺锤穗形，谷壳黄色，米色白，高抗白发病、高抗谷瘟病，抗倒伏。

P150429040 朝阳谷

作物名称　谷子

种质名称　朝阳谷

科　　名　禾本科

属　　名　狗尾草属

种　　名　粟

学　　名　*Setaria italica*

采 集 地　内蒙古赤峰市宁城县右北平镇

主要特征特性　优质，抗旱，广适，耐贫瘠。苗色绿，叶鞘色绿，幼苗叶姿半上冲，株高190cm，穗长36cm，穗粗3.5cm，千粒重2.9g，穗码松，短芒，生育期124天左右，纺锤穗形，谷壳白色，米色黄，高抗白发病、高抗谷瘟病，易倒伏。

P150429042 朱砂米

作物名称　谷子

种质名称　朱砂米

科　　名　禾本科

属　　名　狗尾草属

种　　名　粟

学　　名　*Setaria italica*

采 集 地　内蒙古赤峰市宁城县右北平镇

主要特征特性　优质，抗旱，广适，耐贫瘠。苗色绿，叶鞘色绿，幼苗叶姿半上冲，株高172cm，穗长23cm，穗粗5.2cm，千粒重3.0g，穗码松，短芒，生育期117天左右，圆筒穗形，谷壳黄色，米色黑，高抗白发病、高抗谷瘟病，抗倒伏。

P150429047 毛毛谷

作物名称　谷子

种质名称　毛毛谷

科　　名　禾本科

属　　名　狗尾草属

种　　名　粟

学　　名　*Setaria italica*

采 集 地　内蒙古赤峰市宁城县必斯营子镇

主要特征特性　优质，抗旱，广适，耐贫瘠。苗色绿，叶鞘色绿，幼苗叶姿半上冲，株高185cm，穗长27cm，穗粗5.0cm，千粒重3.0g，穗码松，短芒，生育期117天左右，圆筒穗形，谷壳黄色，米色黄，高抗白发病、高抗谷瘟病，易倒伏。

P150429050 八斗子

作物名称　谷子
种质名称　八斗子
科　　名　禾本科
属　　名　狗尾草属
种　　名　粟
学　　名　*Setaria italica*
采 集 地　内蒙古赤峰市宁城县必斯营子镇

主要特征特性　优质，抗旱，广适，耐贫瘠。苗色绿，叶鞘色绿，幼苗叶姿半上冲，株高145cm，穗长32cm，穗粗4.5cm，千粒重3.0g，穗码松，短芒，生育期114天左右，纺锤穗形，谷壳黄色，米色黄，高抗白发病、高抗谷瘟病，抗倒伏。

P150429051 朱砂谷

作物名称　谷子

种质名称　朱砂谷

科　　名　禾本科

属　　名　狗尾草属

种　　名　粟

学　　名　*Setaria italica*

采 集 地　内蒙古赤峰市宁城县必斯营子镇

主要特征特性　优质，抗旱，广适，耐贫瘠。苗色绿，叶鞘色紫，幼苗叶姿半上冲，株高150cm，穗长23cm，穗粗3.6cm，千粒重3.0g，穗码松，短芒，生育期119天左右，纺锤穗形，谷壳黄色，米色黄，高抗白发病、高抗谷瘟病，抗倒伏。

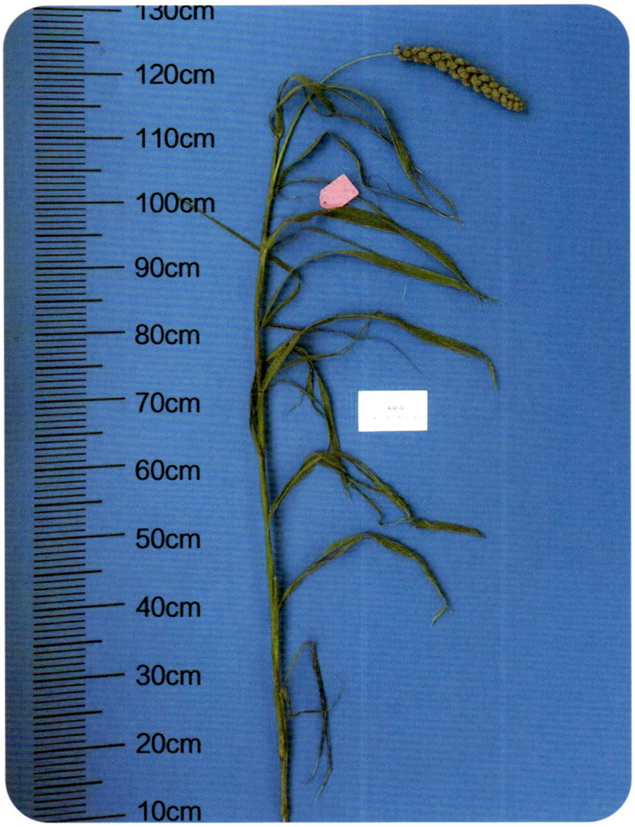

P150424009 生产队杂交谷

作物名称 谷子

种质名称 生产队杂交谷

科　　名 禾本科

属　　名 狗尾草属

种　　名 粟

学　　名 *Setaria italica*

采 集 地 内蒙古赤峰市林西县五十家子镇

主要特征特性 优质，抗旱，广适，耐贫瘠。苗色绿，叶鞘色紫，幼苗叶姿半上冲，株高148cm，穗长32cm，穗粗4.2cm，千粒重2.9g，穗码松，短芒，生育期108天左右，圆筒穗形，谷壳黄色，米色黄，高抗白发病、高抗谷瘟病，抗倒伏。

P150424016 红谷子（留种24年）

作物名称　谷子

种质名称　红谷子（留种24年）

科　　名　禾本科

属　　名　狗尾草属

种　　名　粟

学　　名　*Setaria italica*

采 集 地　内蒙古赤峰市林西县官地镇

主要特征特性　优质，抗旱，广适，耐贫瘠。苗色绿，叶鞘色绿，幼苗叶姿半上冲，株高148cm，穗长26cm，穗粗3.0cm，千粒重2.9g，穗码松，短芒，生育期112天左右，纺锤穗形，谷壳红色，米色黄，高抗白发病、高抗谷瘟病，抗倒伏。

P150403005 金镶玉小白米

作物名称　谷子

种质名称　金镶玉小白米

科　　名　禾本科

属　　名　狗尾草属

种　　名　粟

学　　名　*Setaria italica*

采 集 地　内蒙古赤峰市元宝山区元宝山镇塔卜乌苏村

主要特征特性　优质，抗旱，广适，耐贫瘠。苗色绿，叶鞘色绿，幼苗叶姿半上冲，株高193cm，穗长43cm，穗粗4.0cm，千粒重3.0g，穗码松，短芒，生育期115天左右，纺锤穗形，谷壳黄色，米色白，高抗白发病、高抗谷瘟病，抗倒伏。

P150403007 黄苗谷

作物名称　谷子

种质名称　黄苗谷

科　　名　禾本科

属　　名　狗尾草属

种　　名　粟

学　　名　*Setaria italica*

采 集 地　内蒙古赤峰市元宝山区美丽河镇公格营子村

主要特征特性　优质，抗旱，广适，耐贫瘠。苗色绿，叶鞘色紫，幼苗叶姿半上冲，株高182cm，穗长29cm，穗粗3.6cm，千粒重3.0g，穗码松，短芒，生育期112天左右，纺锤穗形，谷壳黄色，米色黄，高抗白发病、高抗谷瘟病，中抗倒伏。

P150403008 大黄苗

作物名称　谷子

种质名称　大黄苗

科　　名　禾本科

属　　名　狗尾草属

种　　名　粟

学　　名　*Setaria italica*

采 集 地　内蒙古赤峰市元宝山区元宝山镇新地村

主要特征特性　优质，抗旱，广适，耐贫瘠。苗色绿，叶鞘色紫，幼苗叶姿半上冲，株高154cm，穗长29cm，穗粗4.5cm，千粒重3.1g，穗码松，短芒，生育期114天左右，纺锤穗形，谷壳黄色，米色黄，高抗白发病、高抗谷瘟病，抗倒伏。

P150403012 绳子紧

作物名称　谷子

种质名称　绳子紧

科　　名　禾本科

属　　名　狗尾草属

种　　名　粟

学　　名　*Setaria italica*

采 集 地　内蒙古赤峰市元宝山区平庄镇马架子村

主要特征特性　优质，抗旱，广适，耐贫瘠。苗色绿，叶鞘色绿，幼苗叶姿半上冲，株高127cm，穗长28cm，穗粗4.5cm，千粒重3.0g，穗码松，短芒，生育期118天左右，纺锤穗形，谷壳黄色，米色黄，高抗白发病、高抗谷瘟病，抗倒伏。

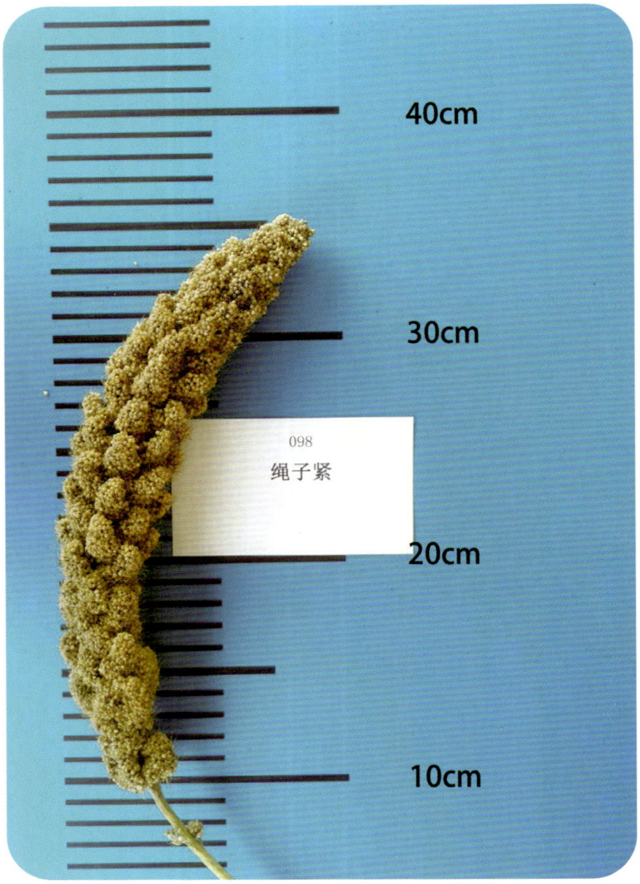

P150403017 红白苗谷子

作物名称　谷子

种质名称　红白苗谷子

科　　名　禾本科

属　　名　狗尾草属

种　　名　粟

学　　名　*Setaria italica*

采 集 地　内蒙古赤峰市元宝山区五家镇金桥村

主要特征特性　优质，抗旱，广适，耐贫瘠。苗色绿，叶鞘色紫，幼苗叶姿半上冲，株高151cm，穗长27cm，穗粗3.0cm，千粒重2.8g，穗码松，短芒，生育期121天左右，纺锤穗形，谷壳黄色，米色黄，高抗白发病、高抗谷瘟病，抗倒伏。

P150428001 大金苗

作物名称　谷子

种质名称　大金苗

科　　名　禾本科

属　　名　狗尾草属

种　　名　粟

学　　名　*Setaria italica*

采 集 地　内蒙古赤峰市喀喇沁旗西桥镇西桥村

主要特征特性　优质，抗旱，广适，耐贫瘠。苗色黄，叶鞘色黄，幼苗叶姿半上冲，株高175cm，穗长35cm，穗粗3.0cm，千粒重3.1g，穗码松，芒长中等，生育期120天左右，纺锤穗形，谷壳浅黄色，米色黄，高抗白发病、高抗谷瘟病，易倒伏。

P150428002 六楞子

作物名称　谷子

种质名称　六楞子

科　　名　禾本科

属　　名　狗尾草属

种　　名　粟

学　　名　*Setaria italica*

采 集 地　内蒙古赤峰市喀喇沁旗西桥镇西桥村

主要特征特性　优质，抗病，抗旱，耐贫瘠。苗色绿，叶鞘色紫，生育期115天左右，幼苗叶姿半上冲，株高166cm，穗长40cm，穗粗3.0cm，千粒重3.0g，短芒，纺锤穗形，谷壳浅黄色，米色黄，抗白发病、高抗谷瘟病、高抗茎缩病毒病。

P150428003 关东高

作物名称　谷子

种质名称　关东高

科　　名　禾本科

属　　名　狗尾草属

种　　名　粟

学　　名　*Setaria italica*

采 集 地　内蒙古赤峰市喀喇沁旗西桥镇西桥村

主要特征特性　优质，抗病，抗旱，耐贫瘠。苗色绿，叶鞘色绿，生育期120天左右，幼苗叶姿半上冲，株高175cm，穗长40cm，穗粗3.0cm，穗码松，千粒重3.0g，短芒，棍棒穗形，谷壳浅黄，米色黄，高抗白发病、高抗谷瘟病。

P150428004 大脑袋

作物名称　谷子

种质名称　大脑袋

科　　名　禾本科

属　　名　狗尾草属

种　　名　粟

学　　名　*Setaria italica*

采 集 地　内蒙古赤峰市喀喇沁旗西桥镇西桥村

主要特征特性　优质，抗病，抗旱，耐贫瘠。苗色绿，叶鞘色紫，生育期112天左右，幼苗叶姿半上冲，株高165cm，穗长35cm，穗粗3.0cm，穗码松，千粒重3.0g，短芒，纺锤穗形，谷壳浅黄色，米色黄，高抗白发病、高抗谷瘟病。

P150428005 八里香

种质名称　八里香

科　　名　禾本科

属　　名　狗尾草属

种　　名　粟

学　　名　*Setaria italica*

采 集 地　内蒙古赤峰市喀喇沁旗西桥镇西桥村

主要特征特性　优质，抗旱，抗病，耐贫瘠。苗色绿，叶鞘色紫，幼苗叶姿半上冲，株高186cm，穗长31cm，穗粗4.0cm，穗码紧，千粒重2.8g，短芒，生育期117天左右，棍棒穗形，谷壳浅黄色，米色黄，高抗白发病、高抗谷瘟病。

P150428006 朝天棒

作物名称　谷子

种质名称　朝天棒

科　　名　禾本科

属　　名　狗尾草属

种　　名　粟

学　　名　*Setaria italica*

采 集 地　内蒙古赤峰市喀喇沁旗西桥镇西桥村

主要特征特性　优质，抗病，抗旱，耐贫瘠。苗色绿，叶鞘色紫，幼苗叶姿半上冲，株高175cm，穗长38cm，穗粗2.8cm，穗码紧，千粒重2.8g，短芒，生育期107天左右，纺锤穗形，谷壳红色，米色黄，高抗白发病、高抗谷瘟病，抗倒伏。

P150428007 60天还仓

作物名称　谷子

种质名称　60天还仓

科　　名　禾本科

属　　名　狗尾草属

种　　名　粟

学　　名　*Setaria italica*

采 集 地　内蒙古赤峰市喀喇沁旗西桥镇西桥村

主要特征特性　优质，抗旱，抗病，耐贫瘠。苗色绿，叶鞘色紫，幼苗叶姿半上冲，株高164cm，穗长43cm，穗粗2.8cm，穗码松，千粒重2.8g，短芒，生育期108天左右，纺锤穗形，谷壳浅黄色，米色浅黄，早熟，高抗白发病、高抗谷瘟病。

P150428008 钻子头

作物名称　谷子

种质名称　钻子头

科　　名　禾本科

属　　名　狗尾草属

种　　名　粟

学　　名　*Setaria italica*

采 集 地　内蒙古赤峰市喀喇沁旗西桥镇西桥村

主要特征特性　抗旱，抗病，耐贫瘠。苗色绿，叶鞘色绿，幼苗叶姿半上冲，株高145cm，穗长30cm，穗粗5.0cm，穗码松，千粒重2.7g，短芒，生育期112天左右，短纺锤穗形，高抗白发病、高抗谷瘟病，中抗倒伏。

P150428009 金坠子

作物名称　谷子

种质名称　金坠子

科　　名　禾本科

属　　名　狗尾草属

种　　名　粟

学　　名　*Setaria italica*

采 集 地　内蒙古赤峰市喀喇沁旗西桥镇西桥村

主要特征特性　优质，抗旱，耐贫瘠。苗色绿，叶鞘色绿，幼苗叶姿半上冲，株高145cm，穗长27cm，穗粗5.0cm，穗码松，千粒重2.7g，短芒，生育期114天左右，纺锤穗形，谷壳浅黄色，米色黄，易倒伏，易感白发病，抗谷瘟病。

P150428010 黑沙滩

作物名称　谷子

种质名称　黑沙滩

科　　名　禾本科

属　　名　狗尾草属

种　　名　粟

学　　名　*Setaria italica*

采 集 地　内蒙古赤峰市喀喇沁旗西桥镇西桥村

主要特征特性　优质，抗病，抗旱，耐贫瘠。苗色黄，叶鞘色绿，幼苗叶姿半上冲，株高164cm，穗长18cm，穗粗3.0cm，穗码松，千粒重2.9g，短芒，生育期124天左右，圆筒穗形，谷壳浅黄色，米色黄，高抗白发病、高抗谷瘟病，易倒伏。

P150428011 小粒白

作物名称　谷子

种质名称　小粒白

科　　名　禾本科

属　　名　狗尾草属

种　　名　粟

学　　名　*Setaria italica*

采 集 地　内蒙古赤峰市喀喇沁旗西桥镇西桥村

主要特征特性　优质，抗病，抗旱，耐贫瘠。苗色绿，叶鞘色绿，幼苗叶姿半上冲，株高164cm，穗长23cm，穗粗3.8cm，穗码松，千粒重2.9g，短芒，生育期116天左右，纺锤穗形，浅黄壳黄米，高抗白发病、高抗谷瘟病，抗倒伏。

P150428012 喇嘛黄

作物名称 谷子

种质名称 喇嘛黄

科　　名 禾本科

属　　名 狗尾草属

种　　名 粟

学　　名 *Setaria italica*

采 集 地 内蒙古赤峰市喀喇沁旗西桥镇西桥村

主要特征特性 优质，抗病，抗旱，耐贫瘠。苗色绿，叶鞘色紫，幼苗叶姿半上冲，株高167cm，穗长33cm，穗粗3.0cm，穗码松，千粒重3.0g，短芒，生育期109天左右，纺锤穗形，深黄壳黄米，高抗白发病、高抗谷瘟病，中抗倒伏。

P150428013 金棒槌

作物名称　谷子

种质名称　金棒槌

科　　名　禾本科

属　　名　狗尾草属

种　　名　粟

学　　名　*Setaria italica*

采 集 地　内蒙古赤峰市喀喇沁旗西桥镇西桥村

主要特征特性　优质，抗病，抗旱，耐贫瘠。苗色绿，叶鞘色紫，幼苗叶姿半上冲，株高157cm，穗长32cm，穗粗3.0cm，穗码松，千粒重3.0g，短芒，生育期109天左右，纺锤穗形，深黄壳黄米，高抗白发病、高抗谷瘟病，中抗倒伏。

P150428014 绳头

作物名称　谷子

种质名称　绳头

科　　名　禾本科

属　　名　狗尾草属

种　　名　粟

学　　名　*Setaria italica*

采 集 地　内蒙古赤峰市喀喇沁旗西桥镇西桥村

主要特征特性　优质，抗病，抗旱，耐贫瘠。苗色绿，叶鞘色紫，幼苗叶姿半上冲，株高164cm，穗长30cm，穗粗3.4cm，穗码紧，千粒重3.0g，短芒，生育期112天左右，纺锤穗形，高抗白发病、高抗谷瘟病，抗倒伏。

P150428015 青苗鸭子啃

作物名称　谷子

种质名称　青苗鸭子啃

科　　名　禾本科

属　　名　狗尾草属

种　　名　粟

学　　名　*Setaria italica*

采 集 地　内蒙古赤峰市喀喇沁旗西桥镇西桥村

主要特征特性　优质，抗病，抗旱，耐贫瘠。苗色绿，叶鞘色紫，幼苗叶姿半上冲，株高168cm，穗长40cm，穗粗3.0cm，穗码紧，千粒重3.0g，长芒，生育期114天左右，纺锤穗形，浅黄壳黄米，高抗白发病、高抗谷瘟病，抗倒伏。

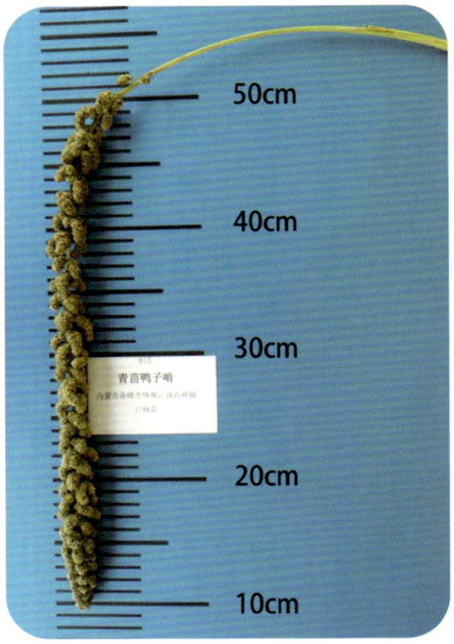

P150428016 陕西白

作物名称　谷子

种质名称　陕西白

科　　名　禾本科

属　　名　狗尾草属

种　　名　粟

学　　名　*Setaria italica*

采 集 地　内蒙古赤峰市喀喇沁旗西桥镇西桥村

主要特征特性　优质，抗病，抗旱，耐贫瘠。苗色绿，叶鞘色紫，幼苗叶姿半上冲，株高187cm，穗长25cm，穗粗4.0cm，穗码松，千粒重3.1g，长芒，生育期114天左右，纺锤穗形，黄壳黄米，高抗白发病、高抗谷瘟病，易倒伏。

P150428017 小白谷

作物名称　谷子

种质名称　小白谷

科　　名　禾本科

属　　名　狗尾草属

种　　名　粟

学　　名　*Setaria italica*

采 集 地　内蒙古赤峰市喀喇沁旗西桥镇西桥村

主要特征特性　优质，抗病，抗旱，耐贫瘠。苗色绿，叶鞘色绿，幼苗叶姿半上冲，株高173cm，穗长29cm，穗粗3.2cm，穗码松，千粒重3.1g，短芒，生育期111天左右，纺锤穗形，黄壳黄米，高抗白发病、高抗谷瘟病，易倒伏。

P150428018 青苗喇嘛黄

作物名称　谷子

种质名称　青苗喇嘛黄

科　　名　禾本科

属　　名　狗尾草属

种　　名　粟

学　　名　*Setaria italica*

采 集 地　内蒙古赤峰市喀喇沁旗西桥镇西桥村

主要特征特性　优质，抗病，抗旱，耐贫瘠。苗色绿，叶鞘色紫，幼苗叶姿半上冲，株高170cm，穗长33cm，穗粗3.0cm，穗码松，千粒重3.1g，短芒，生育期117天左右，纺锤穗形，黄壳黄米，高抗白发病、高抗谷瘟病，易倒伏。

P150428019 气死风

作物名称　谷子

种质名称　气死风

科　　名　禾本科

属　　名　狗尾草属

种　　名　粟

学　　名　*Setaria italica*

采 集 地　内蒙古赤峰市喀喇沁旗西桥镇西桥村

主要特征特性　优质，抗病，抗旱，耐贫瘠。苗色绿，叶鞘色紫，幼苗叶姿半上冲，株高154cm，穗长31cm，穗粗3.0cm，穗码松，千粒重3.1g，短芒，生育期118天左右，纺锤穗形，黄壳黄米，高抗白发病、高抗谷瘟病，易倒伏。

P150428020 菠粒香

作物名称　谷子

种质名称　菠粒香

科　　名　禾本科

属　　名　狗尾草属

种　　名　粟

学　　名　*Setaria italica*

采 集 地　内蒙古赤峰市喀喇沁旗西桥镇西桥村

主要特征特性　优质，抗病，抗旱，耐贫瘠。苗色绿，叶鞘色紫，幼苗叶姿半上冲，株高154cm，穗长45cm，穗粗3.0cm，穗码松，千粒重2.7g，长芒，生育期112天左右，纺锤穗形，黄壳黄米，高抗白发病、高抗谷瘟病，中抗倒伏。

P150428021 哈达青

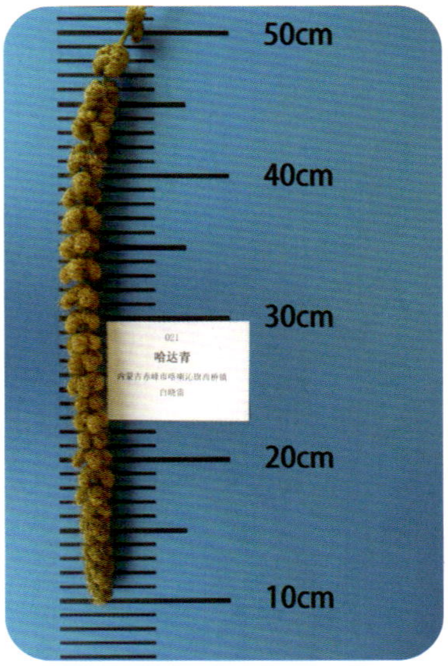

作物名称　谷子

种质名称　哈达青

科　　名　禾本科

属　　名　狗尾草属

种　　名　粟

学　　名　*Setaria italica*

采 集 地　内蒙古赤峰市喀喇沁旗西桥镇西桥村

主要特征特性　优质，抗病，抗旱，耐贫瘠。苗色绿，叶鞘色紫，幼苗叶姿半上冲，株高164cm，穗长40cm，穗粗3.0cm，穗码紧，千粒重2.7g，长芒，生育期115天左右，纺锤穗形，黄壳黄米，高抗白发病、高抗谷瘟病，抗倒伏。

P150428022 金八斗

作物名称　谷子

种质名称　金八斗

科　　名　禾本科

属　　名　狗尾草属

种　　名　粟

学　　名　*Setaria italica*

采 集 地　内蒙古赤峰市喀喇沁旗西桥镇西桥村

主要特征特性　优质，抗病，抗旱，耐贫瘠。苗色绿，叶鞘色绿，幼苗叶姿半上冲，株高154cm，穗长30cm，穗粗3.9cm，穗码松，千粒重3.0g，长芒，生育期111天左右，粗纺锤穗形，黄壳黄米，高抗白发病、高抗谷瘟病。

P150428023 大粒子白

作物名称 谷子

种质名称 大粒子白

科　　名 禾本科

属　　名 狗尾草属

种　　名 粟

学　　名 *Setaria italica*

采 集 地 内蒙古赤峰市喀喇沁旗西桥镇西桥村

主要特征特性 优质，抗病，抗旱，耐贫瘠。苗色绿，叶鞘色绿，幼苗叶姿半上冲，株高154cm，穗长30cm，穗粗4.1cm，穗码松，千粒重3.0g，短芒，生育期121天左右，棍棒穗形，白壳黄米，高抗白发病、高抗谷瘟病，中抗倒伏。

P150428024 大白谷

作物名称　谷子

种质名称　大白谷

科　　名　禾本科

属　　名　狗尾草属

种　　名　粟

学　　名　*Setaria italica*

采 集 地　内蒙古赤峰市喀喇沁旗西桥镇西桥村

主要特征特性　优质，抗病，抗旱，耐贫瘠。苗色绿，叶鞘色绿，幼苗叶姿半上冲，株高177cm，穗长30cm，穗粗3.5cm，穗码松，千粒重3.0g，短芒，生育期120天左右，棍棒穗形，白壳黄米，抗白发病、抗谷瘟病，抗倒伏。

P150428025 饿死牛

作物名称　谷子

种质名称　饿死牛

科　　名　禾本科

属　　名　狗尾草属

种　　名　粟

学　　名　*Setaria italica*

采 集 地　内蒙古赤峰市喀喇沁旗西桥镇西桥村

主要特征特性　抗旱，耐贫瘠。苗色绿，叶鞘色绿，幼苗叶姿半上冲，株高176cm，穗长28cm，穗粗3.4cm，穗码松，千粒重3.0g，短芒，生育期122天左右，纺锤穗形，白壳白米，高抗白发病、高抗谷瘟病，易感茎缩病毒。

P150428026 二白谷

作物名称　谷子

种质名称　二白谷

科　　名　禾本科

属　　名　狗尾草属

种　　名　粟

学　　名　*Setaria italica*

采 集 地　内蒙古赤峰市喀喇沁旗西桥镇西桥村

主要特征特性　优质，抗病，抗旱，耐贫瘠。苗色绿，叶鞘色绿，幼苗叶姿半上冲，株高168cm，穗长30cm，穗粗3.2cm，穗码松，千粒重3.0g，长芒，生育期116天左右，纺锤穗形，白壳黄米，高抗白发病、高抗谷瘟病，中抗倒伏。

P150428027 红苗子

作物名称　谷子

种质名称　红苗子

科　　名　禾本科

属　　名　狗尾草属

种　　名　粟

学　　名　*Setaria italica*

采 集 地　内蒙古赤峰市喀喇沁旗西桥镇西桥村

主要特征特性　优质，抗病，抗旱，耐贫瘠。苗色绿，叶鞘色绿，幼苗叶姿半上冲，株高183cm，穗长26cm，穗粗4.3cm，穗码松，千粒重3.0g，短芒，生育期115天左右，纺锤穗形，深黄壳黄米，高抗白发病、高抗谷瘟病，易倒伏。

P150428028 压破车

作物名称　谷子

种质名称　压破车

科　　名　禾本科

属　　名　狗尾草属

种　　名　粟

学　　名　*Setaria italica*

采 集 地　内蒙古赤峰市喀喇沁旗西桥镇西桥村

主要特征特性　优质，抗病，抗旱，耐贫瘠。苗色绿，叶鞘色绿，幼苗叶姿半上冲，株高157cm，穗长25cm，穗粗6.0cm，穗码松，千粒重3.0g，短芒，生育期114天左右，佛手穗形，黄壳黄米，高抗白发病、高抗谷瘟病。

P150428029 大粒白

作物名称　谷子

种质名称　大粒白

科　　名　禾本科

属　　名　狗尾草属

种　　名　粟

学　　名　*Setaria italica*

采 集 地　内蒙古赤峰市喀喇沁旗西桥镇西桥村

主要特征特性　优质，抗病，抗旱，耐贫瘠。苗色绿，叶鞘色紫，幼苗叶姿半上冲，株高190cm，穗长35cm，穗粗4.0cm，穗码松，千粒重3.0g，短芒，生育期115天左右，纺锤穗形，白壳黄米，高抗白发病、高抗谷瘟病，中抗倒伏。

P150428030 二皮白

作物名称　谷子

种质名称　二皮白

科　　名　禾本科

属　　名　狗尾草属

种　　名　粟

学　　名　*Setaria italica*

采 集 地　内蒙古赤峰市喀喇沁旗西桥镇西桥村

主要特征特性　优质，抗病，抗旱，耐贫瘠。苗色绿，叶鞘色绿，幼苗叶姿半上冲，株高155cm，穗长25cm，穗粗5cm，穗码紧，千粒重2.7g，长芒，生育期112天左右，纺锤穗形，白壳黄米，高抗白发病、高抗谷瘟病，易倒伏。

P150428031 红毛爪子

作物名称　谷子

种质名称　红毛爪子

科　　名　禾本科

属　　名　狗尾草属

种　　名　粟

学　　名　*Setaria italica*

采 集 地　内蒙古赤峰市喀喇沁旗西桥镇西桥村

主要特征特性　优质，抗病，抗旱，耐贫瘠。苗色绿，叶鞘色紫，幼苗叶姿半上冲，株高170cm，穗长27cm，穗粗4.6cm，穗码松，千粒重3.0g，短芒，生育期112天左右，纺锤穗形，黄壳黄米，高抗白发病、高抗谷瘟病，抗倒伏。

P150428032 小青苗

作物名称　谷子

种质名称　小青苗

科　　名　禾本科

属　　名　狗尾草属

种　　名　粟

学　　名　*Setaria italica*

采 集 地　内蒙古赤峰市喀喇沁旗西桥镇西桥村

主要特征特性　优质，抗病，抗旱，耐贫瘠。苗色绿，叶鞘色绿，幼苗叶姿半上冲，株高165cm，穗长28cm，穗粗4.3cm，穗码松，千粒重3.0g，短芒，生育期115天左右，圆筒穗形，白壳黄米，高抗白发病、高抗谷瘟病，抗倒伏。

P150428033 二野谷

作物名称　谷子

种质名称　二野谷

科　　名　禾本科

属　　名　狗尾草属

种　　名　粟

学　　名　*Setaria italica*

采 集 地　内蒙古赤峰市喀喇沁旗西桥镇西桥村

主要特征特性　优质，抗病，抗旱，耐贫瘠。苗色绿，叶鞘色绿，幼苗叶姿半上冲，株高166cm，穗长28cm，穗粗5.6cm，穗码松，千粒重3.0g，短芒，生育期117天左右，棍棒穗形，浅黄壳黄米，高抗白发病、高抗谷瘟病，抗倒伏。

P150428034 红苗白米

作物名称　谷子

种质名称　红苗白米

科　　名　禾本科

属　　名　狗尾草属

种　　名　粟

学　　名　*Setaria italica*

采 集 地　内蒙古赤峰市喀喇沁旗西桥镇西桥村

主要特征特性　优质，抗病，抗旱，耐贫瘠。苗色绿，叶鞘色绿，幼苗叶姿半上冲，株高157cm，穗长23cm，穗粗5.6cm，穗码松，千粒重3.0g，短芒，生育期115天左右，棍棒穗形，浅黄壳白米，高抗白发病、高抗谷瘟病，抗倒伏。

P150428035 合各谷

作物名称　谷子

种质名称　合各谷

科　　名　禾本科

属　　名　狗尾草属

种　　名　粟

学　　名　*Setaria italica*

采 集 地　内蒙古赤峰市喀喇沁旗西桥镇西桥村

主要特征特性　优质，抗病，抗旱，耐贫瘠。苗色绿，叶鞘色绿，幼苗叶姿半上冲，株高175cm，穗长35cm，穗粗3.6cm，穗码松，千粒重3.0g，短芒，生育期114天左右，纺锤穗形，浅黄壳黄米，高抗白发病、高抗谷瘟病，抗倒伏。

P150428036 八叶齐黄谷子

作物名称　谷子

种质名称　八叶齐黄谷子

科　　名　禾本科

属　　名　狗尾草属

种　　名　粟

学　　名　*Setaria italica*

采 集 地　内蒙古赤峰市喀喇沁旗西桥镇西桥村

主要特征特性　优质，抗病，抗旱，耐贫瘠。苗色绿，叶鞘色绿，幼苗叶姿半上冲，株高182cm，穗长28cm，穗粗3.4cm，穗码紧，千粒重3.0g，短芒，生育期124天左右，圆筒穗形，黄壳黄米，高抗白发病、高抗谷瘟病，抗倒伏。

P150428037 大毛毛粮黄米

作物名称　谷子

种质名称　大毛毛粮黄米

科　　名　禾本科

属　　名　狗尾草属

种　　名　粟

学　　名　*Setaria italica*

采 集 地　内蒙古赤峰市喀喇沁旗西桥镇西桥村

主要特征特性　优质，抗病，抗旱，耐贫瘠。苗色绿，叶鞘色绿，幼苗叶姿半上冲，株高184cm，穗长32cm，穗粗2.8cm，穗码松，千粒重3.0g，短芒，生育期118天左右，纺锤穗形，黄壳黄米，高抗白发病、高抗谷瘟病，中抗倒伏。

P150428038 钱串子

作物名称 谷子

种质名称　钱串子

科　　名　禾本科

属　　名　狗尾草属

种　　名　粟

学　　名　*Setaria italica*

采 集 地　内蒙古赤峰市喀喇沁旗西桥镇西桥村

主要特征特性　优质，抗病，抗旱，耐贫瘠。苗色绿，叶鞘色紫，幼苗叶姿半上冲，株高176cm，穗长38cm，穗粗3.2cm，穗码松，千粒重3.0g，短芒，生育期113天左右，纺锤穗形，黄壳黄米，高抗白发病、高抗谷瘟病。

P150428039 刀把齐

作物名称　谷子

种质名称　刀把齐

科　　名　禾本科

属　　名　狗尾草属

种　　名　粟

学　　名　*Setaria italica*

采 集 地　内蒙古赤峰市喀喇沁旗西桥镇西桥村

主要特征特性　优质，抗病，抗旱，耐贫瘠。苗色绿，叶鞘色绿，幼苗叶姿半上冲，株高157cm，穗长34cm，穗粗3.5cm，穗码松，千粒重3.0g，短芒，生育期117天左右，纺锤穗形，白壳黄米，高抗白发病、高抗谷瘟病。

P150428040 杈子红/二红苗

作物名称　谷子

种质名称　杈子红/二红苗

科　　名　禾本科

属　　名　狗尾草属

种　　名　粟

学　　名　*Setaria italica*

采 集 地　内蒙古赤峰市喀喇沁旗西桥镇西桥村

主要特征特性　优质，抗病，抗旱，耐贫瘠。苗色绿，叶鞘色紫，幼苗叶姿半上冲，株高157cm，穗长30cm，穗粗2.5cm，穗码松，千粒重3.0g，短芒，生育期108天左右，猫爪穗形，抗白发病、抗谷瘟病，易早衰。

P150428041 牛头沟

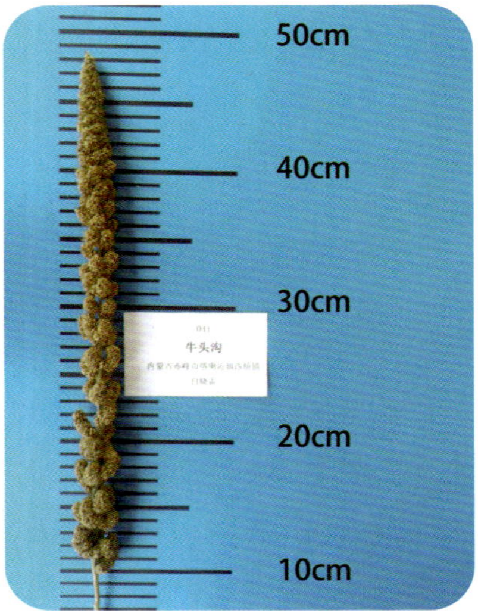

作物名称　谷子

种质名称　牛头沟

科　　名　禾本科

属　　名　狗尾草属

种　　名　粟

学　　名　*Setaria italica*

采 集 地　内蒙古赤峰市喀喇沁旗西桥镇西桥村

主要特征特性　优质，抗病，抗旱，耐贫瘠。苗色绿，叶鞘色紫，幼苗叶姿半上冲，株高181cm，穗长36cm，穗粗2.6cm，穗码松，千粒重3.0g，短芒，生育期115天左右，纺锤穗形，黄壳黄米，高抗白发病、高抗谷瘟病，抗倒伏。

P150428042 青苗绳子头

作物名称　谷子
种质名称　青苗绳子头
科　　名　禾本科
属　　名　狗尾草属
种　　名　粟
学　　名　*Setaria italica*
采 集 地　内蒙古赤峰市喀喇沁旗西桥镇西桥村

主要特征特性　优质，抗病，抗旱，耐贫瘠。苗色绿，叶鞘色紫，幼苗叶姿半上冲，株高164cm，穗长34cm，穗粗3.5cm，穗码松，千粒重3.0g，短芒，生育期120天左右，棍棒穗形，黄壳黄米，高抗白发病、高抗谷瘟病，抗倒伏。

P150428043 齐头青

作物名称　谷子

种质名称　齐头青

科　　名　禾本科

属　　名　狗尾草属

种　　名　粟

学　　名　*Setaria italica*

采 集 地　内蒙古赤峰市喀喇沁旗西桥镇西桥村

主要特征特性　优质，抗病，抗旱，耐贫瘠。苗色绿，叶鞘色绿，幼苗叶姿半上冲，株高185cm，穗长35cm，穗粗4.0cm，穗码松，千粒重3.0g，短芒，生育期119天左右，棍棒穗形，白壳黄米，高抗白发病、高抗谷瘟病，抗倒伏能力中等，易秃尖。

P150428044 大白谷

作物名称　谷子

种质名称　大白谷

科　　名　禾本科

属　　名　狗尾草属

种　　名　粟

学　　名　*Setaria italica*

采 集 地　内蒙古赤峰市喀喇沁旗西桥镇西桥村

主要特征特性　优质，抗病，抗旱，耐贫瘠。苗色绿，叶鞘色绿，幼苗叶姿半上冲，株高161cm，穗长27cm，穗粗5.8cm，穗码松，千粒重3.1g，短芒，生育期111天左右，纺锤穗形，白壳黄米，高抗白发病、高抗谷瘟病，抗倒伏。

P150428045 紫脖根

作物名称　谷子

种质名称　紫脖根

科　　名　禾本科

属　　名　狗尾草属

种　　名　粟

学　　名　*Setaria italica*

采 集 地　内蒙古赤峰市喀喇沁旗西桥镇西桥村

主要特征特性　优质，抗病，抗旱，耐贫瘠。苗色绿，叶鞘色紫，幼苗叶姿半上冲，株高157cm，穗长37cm，穗粗6.0cm，穗码松，千粒重3.0g，短芒，生育期115天左右，棍棒穗形，黄壳黄米，高抗白发病、高抗谷瘟病。

P150428046 长虹

作物名称　谷子

种质名称　长虹

科　　名　禾本科

属　　名　狗尾草属

种　　名　粟

学　　名　*Setaria italica*

采 集 地　内蒙古赤峰市喀喇沁旗西桥镇西桥村

主要特征特性　优质，抗病，抗旱，耐贫瘠。苗色绿，叶鞘色紫，幼苗叶姿半上冲，株高187cm，穗长45cm，穗粗3.8cm，穗码松，千粒重3.1g，短芒，生育期120天左右，圆筒穗形，黄壳黄米．高抗白发病、高抗谷瘟病，抗倒伏。

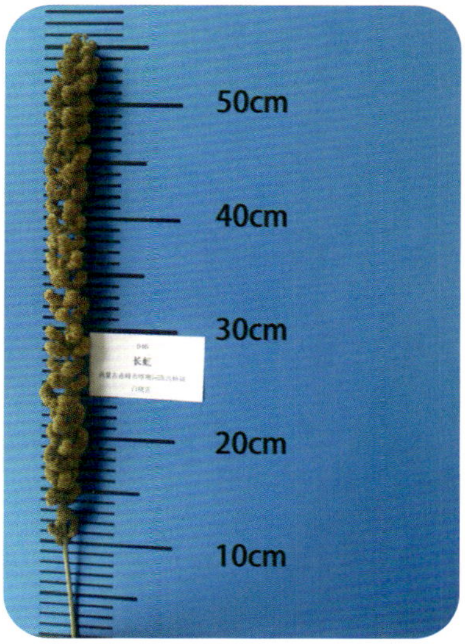

P150428047 老来白

作物名称　谷子

种质名称　老来白

科　　名　禾本科

属　　名　狗尾草属

种　　名　粟

学　　名　*Setaria italica*

采 集 地　内蒙古赤峰市喀喇沁旗西桥镇西桥村

主要特征特性　优质，抗病，抗旱，耐贫瘠。苗色绿，叶鞘色紫，幼苗叶姿半上冲，株高178cm，穗长28cm，穗粗3.4cm，穗码松，千粒重3.0g，短芒，生育期121天左右，棍棒穗形，白壳黄米，高抗白发病、高抗谷瘟病，抗倒伏，易秃尖。

P150428048 老虎尾

作物名称　谷子

种质名称　老虎尾

科　　名　禾本科

属　　名　狗尾草属

种　　名　粟

学　　名　*Setaria italica*

采 集 地　内蒙古赤峰市喀喇沁旗西桥镇西桥村

主要特征特性　优质，抗病，抗旱，耐贫瘠。苗色绿，叶鞘色绿，幼苗叶姿半上冲，株高160cm，穗长24cm，穗粗3.6cm，穗码松，千粒重3.0g，短芒，生育期114天左右，纺锤穗形，黄壳黄米，高抗白发病、高抗谷瘟病，抗倒伏。

P150428049 长穗大红苗

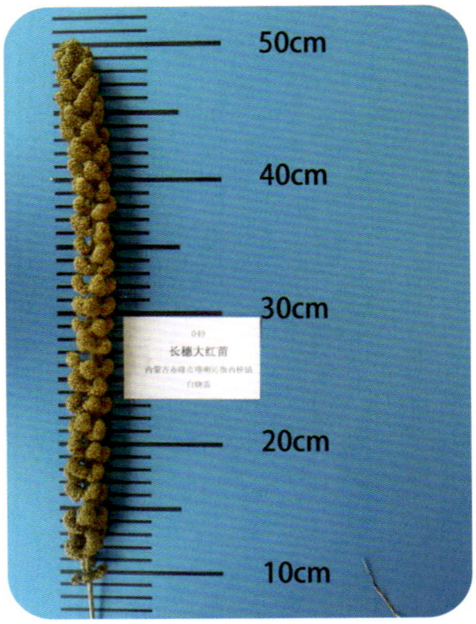

作物名称　谷子

种质名称　长穗大红苗

科　　名　禾本科

属　　名　狗尾草属

种　　名　粟

学　　名　*Setaria italica*

采 集 地　内蒙古赤峰市喀喇沁旗西桥镇西桥村

主要特征特性　优质，抗病，抗旱，耐贫瘠。苗色绿，叶鞘色紫，幼苗叶姿半上冲，株高195cm，穗长40cm，穗粗3.9cm，穗码松，千粒重3.0g，短芒，生育期117天左右，圆筒穗形，黄壳黄米，高抗白发病、高抗谷瘟病，抗倒伏。生物产量大，适合作饲草。

P150428050 大红谷

作物名称　谷子

种质名称　大红谷

科　　名　禾本科

属　　名　狗尾草属

种　　名　粟

学　　名　*Setaria italica*

采 集 地　内蒙古赤峰市喀喇沁旗西桥镇西桥村

主要特征特性　优质，抗病，抗旱，耐贫瘠。苗色绿，叶鞘色绿，幼苗叶姿半上冲，株高158cm，穗长30cm，穗粗3.0cm，穗码松，千粒重3.0g，短芒，生育期115天左右，圆筒穗形，黄壳黄米，高抗白发病、高抗谷瘟病，中抗倒伏。

P150403020 白棒子

作物名称　玉米

种质名称　白棒子

科　　名　禾本科

属　　名　玉蜀黍属

种　　名　玉米

学　　名　*Zea mays* Linn. Sp.

采 集 地　内蒙古赤峰市元宝山区小五家乡小五家村

主要特征特性　一年生禾本科作物，出苗至成熟124天，幼苗叶鞘紫色，花药紫色，花丝浅红色，颖壳绿色，雄穗一级分枝3~6个。株型平展型，株高265cm，穗位高104cm，成株叶片数18片。果穗长筒形，穗长13.6cm，穗粗4.8cm，穗行数10~12行，穗轴白色，籽粒白色，半硬粒型，百粒重31.4g。该品种优质，中抗大斑病、丝黑穗病、茎腐病，感玉米螟、弯孢叶斑病，适宜在内蒙古自治区≥10℃活动积温2700℃以上地区种植。

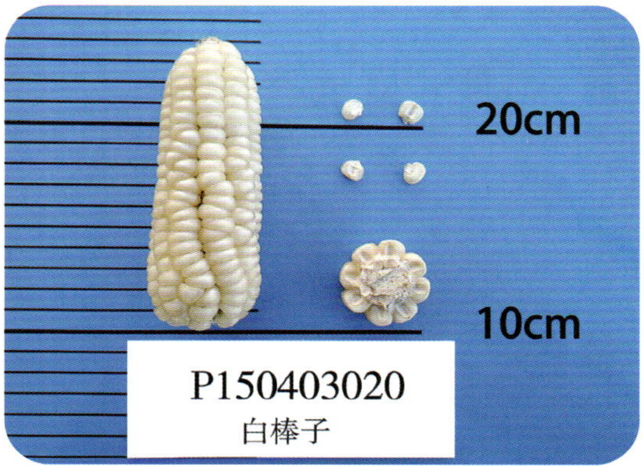

P150403029 刺棒子、牙棒子

作物名称　玉米

种质名称　刺棒子、牙棒子

科　　名　禾本科

属　　名　玉蜀黍属

种　　名　玉米

学　　名　*Zea mays* Linn. Sp.

采 集 地　内蒙古赤峰市元宝山区五家镇望甘池村

主要特征特性　一年生禾本科作物，出苗至成熟125天，幼苗叶鞘紫色，花药浅紫色，花丝紫色，颖壳绿带紫色，雄穗一级分枝4~8个。株型平展型，株高245cm，穗位高134cm，成株叶片数19片。果穗长筒形，穗长11.5cm，穗粗4.5cm，穗行数16~20行，穗轴白色，籽粒紫色，硬粒型，百粒重19.6g。该品种质优，中抗丝黑穗病、茎腐病，感玉米螟、大斑病、弯孢叶斑病，适宜在内蒙古自治区≥10℃活动积温2700℃以上地区种植。

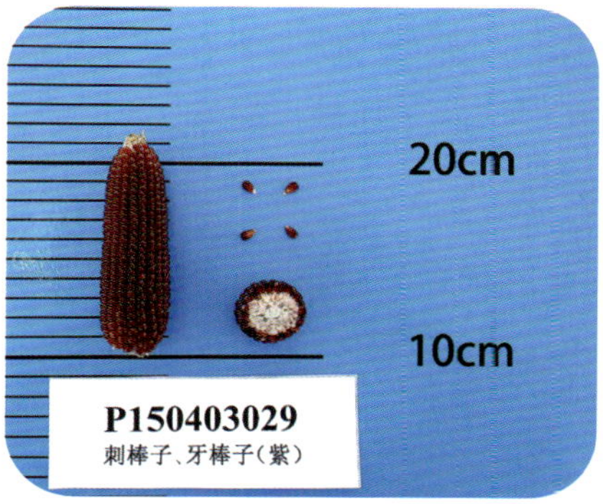

P150404007 白糯1

作物名称　玉米

种质名称　白糯1

科　　名　禾本科

属　　名　玉蜀黍属

种　　名　玉米

学　　名　*Zea mays* Linn. Sp.

采 集 地　内蒙古赤峰市松山区城子乡喇嘛扎子村

主要特征特性　一年生禾本科作物，出苗至成熟123天，幼苗叶鞘紫色，花药紫色，花丝绿色，颖壳绿色，雄穗一级分枝3~6个。株型半紧凑型，株高238cm，穗位高116cm，成株叶片数18片。果穗长筒型，穗长16.7cm，穗粗5.0cm，穗行数16~18行，穗轴白色，籽粒白色，半硬粒型，百粒重33.1g。该品种质优，中抗大斑病、丝黑穗病、茎腐病，感玉米螟、弯孢叶斑病，适宜在内蒙古自治区≥10℃活动积温2700℃以上地区种植。

P150404008 白糯2

作物名称　玉米

种质名称　白糯2

科　　名　禾本科

属　　名　玉蜀黍属

种　　名　玉米

学　　名　*Zea mays* Linn. Sp.

采 集 地　内蒙古赤峰市松山区城子乡石匠沟村

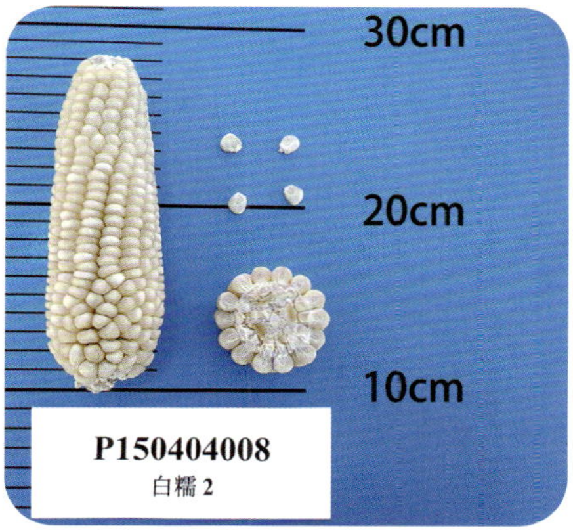

主要特征特性　一年生禾本科作物，出苗至成熟125天，幼苗叶鞘紫色，花药绿色，花丝绿色，颖壳绿色，雄穗一级分枝4~8个。株型平展型，株高247cm，穗位高124cm，成株叶片数20片。果穗长筒形，穗长17.6cm，穗粗5.1cm，穗行数14~16行，穗轴白色，籽粒白色，半硬粒型，百粒重33.6g。该品种质优，中抗大斑病、丝黑穗病、茎腐病，感玉米螟、弯孢叶斑病，适宜在内蒙古自治区≥10℃活动积温2700℃以上地区种植。

P150404009 白糯3

作物名称　玉米

种质名称　白糯3

科　　名　禾本科

属　　名　玉蜀黍属

种　　名　玉米

学　　名　*Zea mays* Linn. Sp.

采 集 地　内蒙古赤峰市松山区城子乡碾房村

主要特征特性　一年生禾本科作物，出苗至成熟126天，幼苗叶鞘紫色，花药绿色，花丝绿色，颖壳绿色，雄穗一级分枝3~6个。株型平展型，株高264cm，穗位高120cm，成株叶片数21片。果穗长筒形，穗长18.5cm，穗粗4.9cm，穗行数12~14行，穗轴白色，籽粒白色，半硬粒型，百粒重32.5g。该品种质优，中抗大斑病、丝黑穗病、茎腐病，感玉米螟、弯孢叶斑病，适宜在内蒙古自治区≥10℃活动积温2700℃以上地区种植。

P150404010 老白粘糯4

作物名称　玉米
种质名称　老白粘糯4
科　　名　禾本科
属　　名　玉蜀黍属
种　　名　玉米
学　　名　*Zea mays* Linn. Sp.
采 集 地　内蒙古赤峰市松山区岗子乡

主要特征特性　一年生禾本科作物，出苗至成熟124天，幼苗叶鞘紫色，花药绿色，花丝绿色，颖壳绿色，雄穗一级分枝4~8个。株型半紧凑型，株高260cm，穗位高118cm，成株叶片数18片。果穗长筒形，穗长18.1cm，穗粗4.9cm，穗行数12~14行，穗轴白色，籽粒白色，半硬粒型，百粒重33.2g。该品种质优，中抗大斑病、丝黑穗病、茎腐病，感玉米螟、弯孢叶斑病，适宜在内蒙古自治区≥10℃活动积温2700℃以上地区种植。

P150404011 老白粘糯5

作物名称　玉米

种质名称　老白粘糯5

科　　名　禾本科

属　　名　玉蜀黍属

种　　名　玉米

学　　名　*Zea mays* Linn. Sp.

采 集 地　内蒙古赤峰市松山区岗子乡

主要特征特性　一年生禾本科作物，出苗至成熟124天，幼苗叶鞘紫色，花药紫色，花丝绿色，颖壳绿色，雄穗一级分枝2~4个。株型半紧凑型，株高273cm，穗位高127cm，成株叶片数18片。果穗长筒形，穗长16cm，穗粗4.8cm，穗行数12~14行，穗轴白色，籽粒白色，半硬粒型，百粒重34.4g。该品种质优，中抗大斑病、丝黑穗病、茎腐病，感玉米螟、弯孢叶斑病，适宜在内蒙古自治区≥10℃活动积温2700℃以上地区种植。

P150404012 老白粘糯6

作物名称　玉米

种质名称　老白粘糯6

科　　名　禾本科

属　　名　玉蜀黍属

种　　名　玉米

学　　名　*Zea mays* Linn. Sp.

采 集 地　内蒙古赤峰市松山区岗子乡

主要特征特性　一年生禾本科作物，出苗至成熟128天，幼苗叶鞘紫色，花药浅紫色，花丝绿色，颖壳绿色，雄穗一级分枝4~8个。株型半紧凑型，株高274cm，穗位高122cm，成株叶片数19片。果穗长筒形，穗长18.7cm，穗粗5.0cm，穗行数12~14行，穗轴白色，籽粒白色，半硬粒型，百粒重33.4g。该品种质优，中抗丝黑穗病、茎腐病，感大斑病、玉米螟、弯孢叶斑病，适宜在内蒙古自治区≥10℃活动积温2700℃以上地区种植。

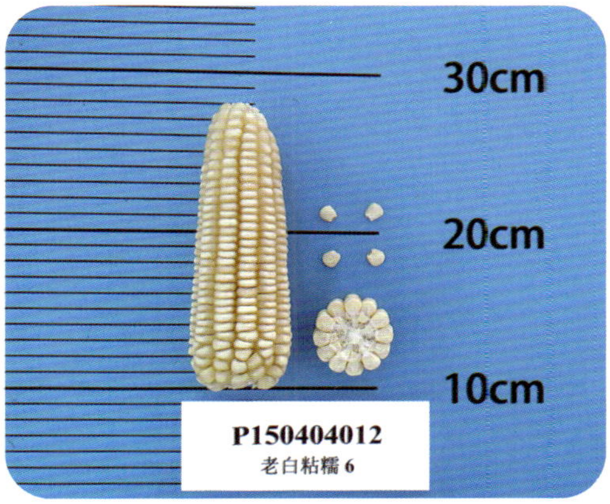

P150404014 老糯玉米7

作物名称　玉米

种质名称　老糯玉米7

科　　名　禾本科

属　　名　玉蜀黍属

种　　名　玉米

学　　名　*Zea mays* Linn. Sp.

采 集 地　内蒙古赤峰市松山区当铺地满族乡

主要特征特性　一年生禾本科作物，出苗至成熟123天，幼苗叶鞘紫色，花药绿色，花丝浅紫色，颖壳绿色，雄穗一级分枝4~8个。株型半紧凑型，株高254cm，穗位高121cm，成株叶片数20片。果穗长筒形，穗长16cm，穗粗4.9cm，穗行数12~14行，穗轴白色，籽粒白色，半硬粒型，百粒重32.3g。该品种质优，中抗丝黑穗病、茎腐病，感大斑病、玉米螟、弯孢叶斑病，适宜在内蒙古自治区≥10℃活动积温2700℃以上地区种植。

P150422021 小白棒子玉米

作物名称　玉米
种质名称　小白棒子玉米
科　　名　禾本科
属　　名　玉蜀黍属
种　　名　玉米
学　　名　*Zea mays* Linn. Sp.
采 集 地　内蒙古赤峰市巴林左旗林东镇二道孤山子村

主要特征特性　一年生禾本科作物，出苗至成熟122天，幼苗叶鞘紫色，花药紫色，花丝绿色，颖壳绿色，雄穗一级分枝4~8个。株型平展型，株高251cm，穗位高126cm，成株叶片数18片。果穗长筒形，穗长17.4cm，穗粗4.8cm，穗行数12~14行，穗轴白色，籽粒白色，半硬粒型，百粒重31.2g。该品种质优，中抗丝黑穗病、茎腐病，感大斑病、玉米螟、弯孢叶斑病，适宜在内蒙古自治区≥10℃活动积温2700℃以上地区种植。

P150424023 黄八趟

作物名称　玉米

种质名称　黄八趟

科　　名　禾本科

属　　名　玉蜀黍属

种　　名　玉米

学　　名　*Zea mays* Linn. Sp.

采 集 地　内蒙古自治区赤峰市林西县大营子乡

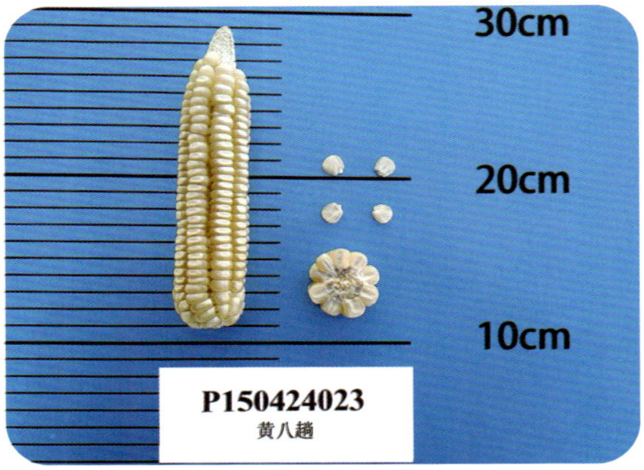

主要特征特性　一年生禾本科作物，出苗至成熟129天，幼苗叶鞘紫色，花药紫色，花丝浅红色，颖壳绿色，雄穗一级分枝3~6个。株型平展型，株高241cm，穗位高124cm，成株叶片数19片。果穗长筒形，穗长17.7cm，穗粗4.5cm，穗行数8行，穗轴白色，籽粒白色，半硬粒型，百粒重30.5g。该品种质优，中抗大斑病、丝黑穗病、茎腐病，感玉米螟、弯孢叶斑病，适宜在内蒙古自治区≥10℃活动积温2700℃以上地区种植。

P150426041 白棒子

作物名称　玉米

种质名称　白棒子

科　　名　禾本科

属　　名　玉蜀黍属

种　　名　玉米

学　　名　*Zea mays* Linn. Sp.

采 集 地　内蒙古赤峰市翁旗乌敦套海镇十分地村

主要特征特性　一年生禾本科作物，出苗至成熟123天，幼苗叶鞘紫色，花药绿色，花丝绿色，颖壳绿色，雄穗一级分枝3~6个。株型半紧凑型，株高245cm，穗位高121cm，成株叶片数17片。果穗长筒形，穗长16.6cm，穗粗4.8cm，穗行数12~14行，穗轴白色，籽粒白色，半硬粒型，百粒重31.4g。该品种质优，中抗大斑病、丝黑穗病、茎腐病，感玉米螟、弯孢叶斑病，适宜在内蒙古自治区≥10℃活动积温2700℃以上地区种植。

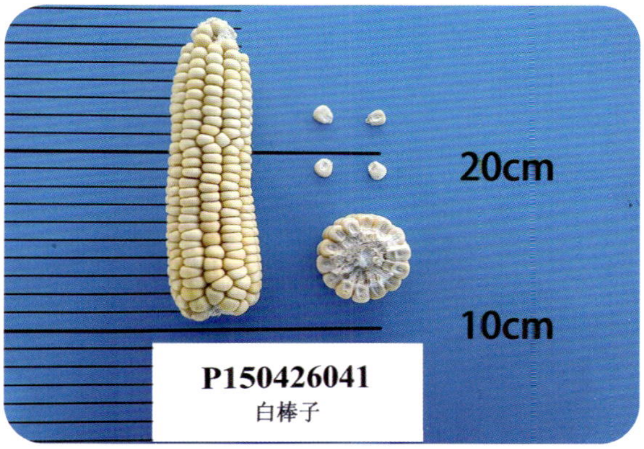

P150428005 小白玉米

作物名称　玉米

种质名称　小白玉米

科　　名　禾本科

属　　名　玉蜀黍属

种　　名　玉米

学　　名　*Zea mays* Linn. Sp.

采 集 地　内蒙古赤峰市喀喇沁旗牛营子镇团结村

主要特征特性　一年生禾本科作物，出苗至成熟123天，幼苗叶鞘紫色，花药绿色，花丝绿色，颖壳绿带紫色，雄穗一级分枝3~6个。株型平展型，株高248cm，穗位高120cm，成株叶片数17片。果穗长筒形，穗长17.8cm，穗粗4.8cm，穗行数10~12行，穗轴白色，籽粒白色，半硬粒型，百粒重30.4g。该品种质优，中抗大斑病、丝黑穗病、茎腐病，感玉米螟、弯孢叶斑病，适宜在内蒙古自治区≥10℃活动积温2700℃以上地区种植。

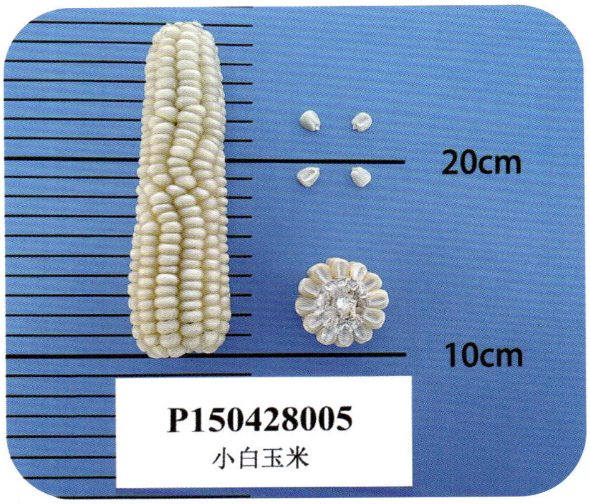

P150428006 白马牙（北京白）

作物名称　玉米

种质名称　白马牙（北京白）

科　　名　禾本科

属　　名　玉蜀黍属

种　　名　玉米

学　　名　*Zea mays* Linn. Sp.

采 集 地　内蒙古赤峰市喀喇沁旗牛营子镇团结村

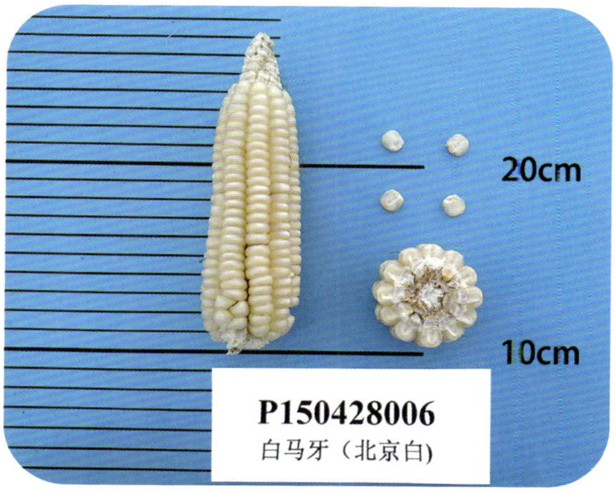

主要特征特性　一年生禾本科作物，出苗至成熟123天，幼苗叶鞘紫色，花药绿色，花丝绿色，颖壳绿色，雄穗一级分枝4~8个。株型平展型，株高241cm，穗位高124cm，成株叶片数18片。果穗长筒形，穗长17.7cm，穗粗4.6cm，穗行数10~12行，穗轴白色，籽粒白色，半硬粒型，百粒重30.5g。该品种质优，中抗大斑病、丝黑穗病、茎腐病，感玉米螟、弯孢叶斑病，适宜在内蒙古自治区≥10℃活动积温2700℃以上地区种植。

P150429029 老白玉米

作物名称　玉米

种质名称　老白玉米

科　　名　禾本科

属　　名　玉蜀黍属

种　　名　玉米

学　　名　*Zea mays* Linn. Sp.

采 集 地　内蒙古赤峰市宁城县必斯营子镇

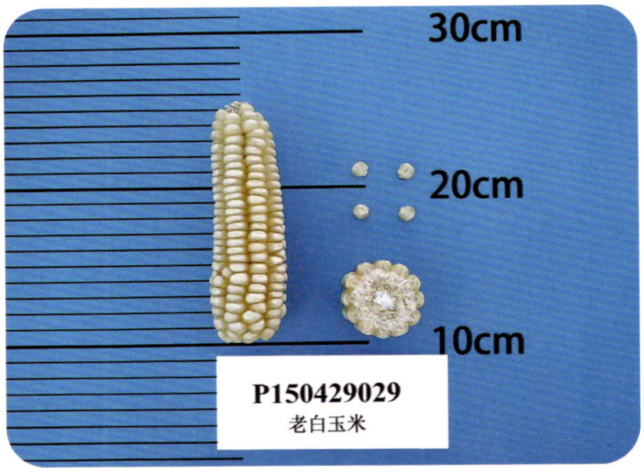

主要特征特性　一年生禾本科作物，出苗至成熟125天，幼苗叶鞘紫色，花药绿色，花丝绿色，颖壳绿色，雄穗一级分枝3~6个。株型半紧凑型，株高246cm，穗位高124cm，成株叶片数19片。果穗长筒形，穗长14.8cm，穗粗4.5cm，穗行数10~12行，穗轴白色，籽粒白色，半硬粒型，百粒重33.2g。该品种质优，中抗大斑病、丝黑穗病、茎腐病，感玉米螟、弯孢叶斑病，适宜在内蒙古自治区≥10℃活动积温2700℃以上地区种植。

P150430010 白马牙

作物名称　玉米

种质名称　白马牙

科　　名　禾本科

属　　名　玉蜀黍属

种　　名　玉米

学　　名　*Zea mays* Linn. Sp.

采 集 地　内蒙古赤峰市敖汉旗新惠镇

主要特征特性　一年生禾本科作物，出苗至成熟128天，幼苗叶鞘紫色，花药绿色，花丝绿色，颖壳绿色，雄穗一级分枝3~6个。株型半紧凑型，株高232cm，穗位高116cm，成株叶片数19片。果穗长筒形，穗长13.2cm，穗粗4.6cm，穗行数10~12行，穗轴白色，籽粒白色，半硬粒型，百粒重31.6g。该品种质优，中抗大斑病、丝黑穗病、茎腐病，感玉米螟、弯孢叶斑病，适宜在内蒙古自治区≥10℃活动积温2700℃以上地区种植。

P150430027 花粒狗牙棒（玉米）

作物名称　玉米

种质名称　花粒狗牙棒（玉米）

科　　名　禾本科

属　　名　玉蜀黍属

种　　名　玉米

学　　名　*Zea mays* Linn. Sp.

采 集 地　内蒙古赤峰市敖汉旗兴隆洼镇

主要特征特性　一年生禾本科作物，出苗至成熟125天，幼苗叶鞘紫色，花药绿色，花丝绿色，颖壳绿色，雄穗一级分枝3~6个。株型半紧凑型，株高254cm，穗位高123cm，成株叶片数20片。果穗长筒形，穗长18.7cm，穗粗4.8cm，穗行数12~14行，穗轴白色，籽粒白色/紫色，半硬粒型，百粒重33.6g。该品种质优，中抗大斑病、丝黑穗病、茎腐病，感玉米螟、弯孢叶斑病，适宜在内蒙古自治区≥10℃活动积温2700℃以上地区种植。

08 帚用高粱-1

作物名称　帚用高粱

种质名称　08 帚用高粱-1

科　　名　禾本科

属　　名　高粱属

种　　名　高粱种

学　　名　*Sorghum bicolor*（L.）Moench

采 集 地　内蒙古赤峰市松山区上官地镇官地村

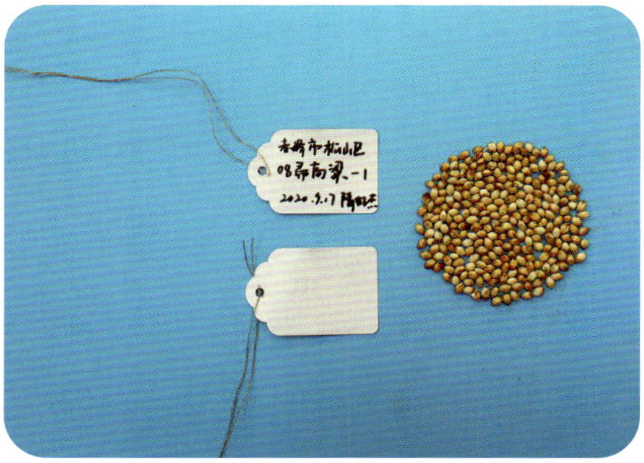

主要特征特性　属于帚用高粱品种，出苗至成熟107天。幼苗绿色，芽鞘紫色，无分蘖；株高238.3cm，穗长35.7cm，茎粗1.1cm，穗柄长58.7cm，穗侧散，帚形；叶脉白色，籽粒黄色，颖壳红色，2/3包被。农户在田间地头或自家小院少量种植，根据其茎秆及穗部长度，用来捆绑笤帚、炊帚，制作盖帘等。

大粒高粱

作物名称　高粱

种质名称　大粒高粱

科　　名　禾本科

属　　名　高粱属

种　　名　高粱种

学　　名　*Sorghum bicolor* (L.) Moench

采 集 地　内蒙古赤峰市松山区五三镇大西牛村

主要特征特性　属于酿造高粱品种，出苗至成熟108天。幼苗绿色，芽鞘紫色，无分蘖；株高225.3cm，穗长19.7cm，茎粗0.8cm，穗柄长58.3cm，穗纺锤形，中散穗；叶脉白色，籽粒黄色，颖壳红色，1/2包被。该品种籽粒产量低，但茎秆细长，当地农户一般在山坡地少量种植，取其中上部制作盖帘。

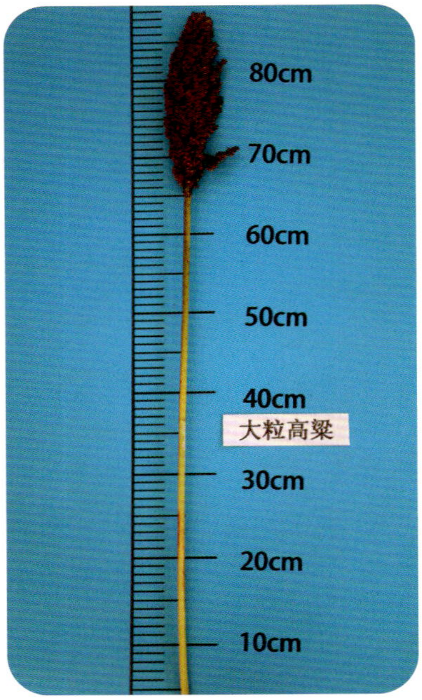

衣营黄苗

作物名称　帚用高粱

种质名称　衣营黄苗

科　　名　禾本科

属　　名　高粱属

种　　名　高粱种

学　　名　*Sorghum bicolor*（L.）Moench

采 集 地　内蒙古赤峰市松山区穆家营子镇衣家营村

主要特征特性　属于帚用高粱品种，出苗至成熟109天。幼苗绿色，芽鞘紫色，无分蘖；株高345.3cm，穗长51.7cm，茎粗1.2cm，穗柄长60.3cm，穗侧散，帚形；叶脉白色，籽粒黄色，颖壳黄色，3/4包被。该品种植株较高，不抗倒伏。当地农户一般在田间地头或自家小院少量种植，用来捆绑笤帚。

笤帚苗子-2

作物名称　帚用高粱

种质名称　笤帚苗子-2

科　　名　禾本科

属　　名　高粱属

种　　名　高粱种

学　　名　*Sorghum bicolor* (L.) Moench

采 集 地　内蒙古赤峰市松山区穆家营子镇衣家营村

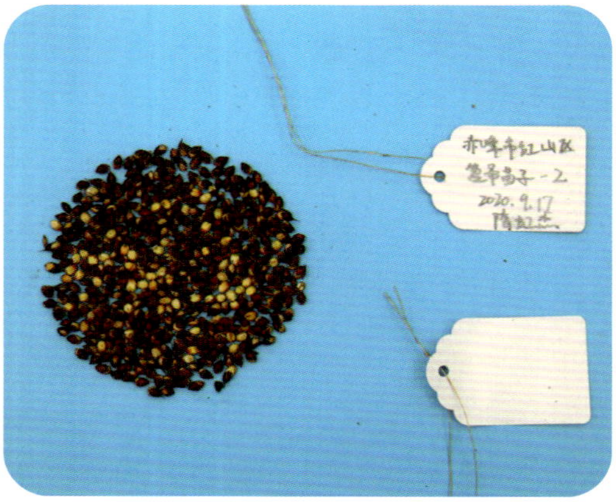

主要特征特性　属于帚用高粱品种，出苗至成熟107天。幼苗绿色，芽鞘紫色，无分蘖；株高252.7cm，穗长46.7cm，茎粗1.3cm，穗柄长64.7cm，穗侧散，帚形；叶脉白色，籽粒黄色，颖壳褐色，3/4包被。农户自家留种，一般在田间地头、坝埂上少量种植，用其捆绑笤帚。

笤帚苗子-3

作物名称　帚用高粱

种质名称　笤帚苗子-3

科　　名　禾本科

属　　名　高粱属

种　　名　高粱种

学　　名　*Sorghum bicolor*（L.）Moench

采 集 地　内蒙古赤峰市松山区穆家营子镇衣家营村

主要特征特性　属于帚用高粱品种，出苗至成熟102天。幼苗绿色，芽鞘紫色，无分蘖；株高260.3cm，穗长51.3cm，茎粗1.3cm，穗柄长44.7cm，穗侧散，帚形；叶脉白色，籽粒黄色，颖壳红色，全包被。该品种耐贫瘠，不抗倒伏。农户一般在自家小院或田间地头少量种植，用来捆绑笤帚、炊帚。

08 帚用高粱-2

作物名称　帚用高粱

种质名称　08 帚用高粱-2

科　　名　禾本科

属　　名　高粱属

种　　名　高粱种

学　　名　*Sorghum bicolor*（L.）Moench

采 集 地　内蒙古赤峰市松山区哈拉道口镇桃池营子村

主要特征特性　属于帚用高粱品种，出苗至成熟109天。幼苗绿色，芽鞘紫色，无分蘖；株高247.7cm，穗长53.2cm，茎粗1.3cm，穗柄长46.3cm，穗侧散，帚形；叶脉白色，籽粒黄色，颖壳黄色，全包被。该品种耐贫瘠，抗盐碱，适应性强，农户一般在田间地头少量种植，用来捆绑笤帚。

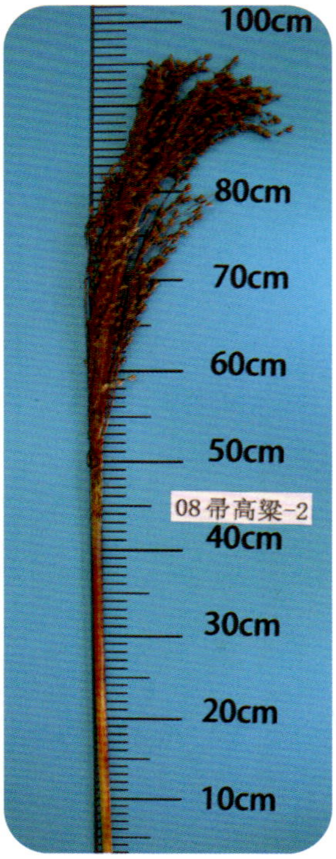

炊帚苗

作物名称　帚用高粱

种质名称　炊帚苗

科　　名　禾本科

属　　名　高粱属

种　　名　高粱种

学　　名　*Sorghum bicolor*（L.）Moench

采 集 地　内蒙古赤峰市松山区太平地镇五十家子村

主要特征特性　属于帚用高粱品种，出苗至成熟114天。幼苗绿色，芽鞘紫色，无分蘖；株高273.3cm，穗长38.2cm，茎粗1.1cm，穗柄长48.7cm，穗侧散，帚形；叶脉白色，籽粒黄色，颖壳红色，3/4包被。农户自家留种，少量种植，用来捆绑炊帚，制作盖帘等。

白R

作物名称　高粱

种质名称　白R

科　　名　禾本科

属　　名　高粱属

种　　名　高粱种

学　　名　*Sorghum bicolor*（L.）Moench

采 集 地　内蒙古赤峰市松山区城子乡杨树沟门村

主要特征特性　属于食用高粱品种，出苗至成熟119天。芽鞘绿色，幼苗绿色，无分蘖；株高132.7cm，穗长25.7cm，茎粗1.4cm，穗柄长31.3cm，穗纺锤形，紧穗；叶脉白色，籽粒乳白色，颖壳黑色，1/2包被。该品种具有耐盐碱、抗旱、抗倒伏、耐贫瘠等特性，农户种植较多。籽粒白色，以食用、饲用为主。

红壳笤帚苗子

作物名称　帚用高粱

种质名称　红壳笤帚苗子

科　　名　禾本科

属　　名　高粱属

种　　名　高粱种

学　　名　*Sorghum bicolor* (L.) Moench

采 集 地　内蒙古赤峰市红山区文钟镇大西沟村

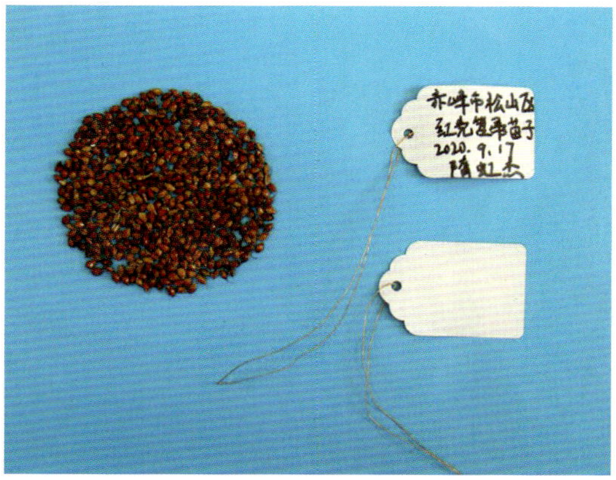

主要特征特性　属于帚用高粱品种，出苗至成熟105天。幼苗绿色，芽鞘紫色，有少量分蘖；株高168.7cm，穗长78.2cm，茎粗1.2cm，穗柄长35.3cm，穗侧散，帚形；叶脉白色，籽粒黄色，颖壳红色，全包被。该品种穗柄稍短，农户一般在田间地头或自家小院少量种植，用来捆绑笤帚。

P150421023 大黑壳子

作物名称　高粱

种质名称　大黑壳子

科　　名　禾本科

属　　名　高粱属

种　　名　高粱

学　　名　*Sorghum vulgare* Pers

采 集 地　内蒙古赤峰市阿鲁科尔沁旗天山镇仁义村

主要特征特性　属于酿造高粱品种，出苗至成熟100天。幼苗绿色，芽鞘绿色；株高281cm，穗长30.3cm，穗纺锤形，中散穗；籽粒黄色，椭圆形，颖壳黑色，1/3包被。在饥荒年代，人们以食用、饲用为主，现在种植较少。

P150422001 敖包黄苗

作物名称　帚用高粱

种质名称　敖包黄苗

科　　名　禾本科

属　　名　高粱属

种　　名　高粱种

学　　名　*Sorghum bicolor* (L.) Moench

采 集 地　内蒙古赤峰市巴林左旗林东镇朝阳营子村

主要特征特性　出苗至成熟92天，属于极早熟帚用高粱品种。幼苗浅紫色，芽鞘紫色，无分蘖；株高257.3cm，穗长53.3cm，穗柄长53.5cm，穗侧散，帚形；籽粒黄色，颖壳黄色，3/4包被。当地农户认为该品种抗旱、耐贫瘠、适应性强、产量高，种植较多。其苗丝色泽浅黄，质量较好，主要用来捆绑笤帚，少量捆绑炊帚、制作工艺品等。

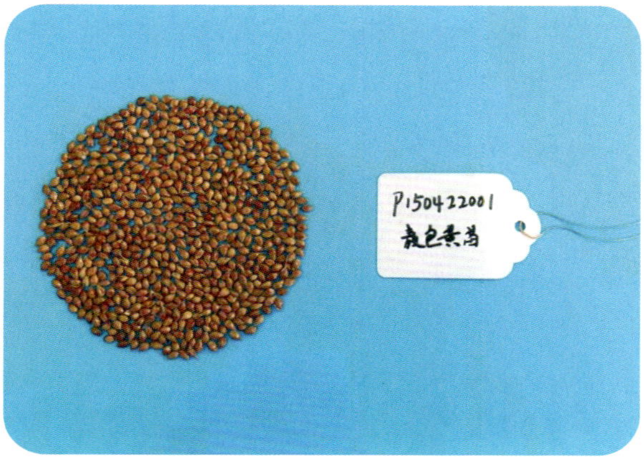

P150422002 长纤维1号

作物名称　帚用高粱

种质名称　长纤维1号

科　　名　禾本科

属　　名　高粱属

种　　名　高粱种

学　　名　*Sorghum bicolor*（L.）Moench

采 集 地　内蒙古赤峰市巴林左旗林东镇井子沟村

主要特征特性　属于帚用高粱品种，出苗至成熟102天。幼苗绿色，叶边缘紫色，芽鞘紫色，少量分蘖；株高141.7cm，穗长55.3cm，穗柄长37.5cm，穗侧散，帚形；籽粒黄色，颖壳黄色，3/4包被。该品种具有耐盐碱、抗倒伏、耐贫瘠等特性，农户种植较多，主要以捆绑笤帚为主，少量捆绑炊帚、制作工艺品等。

P150422003 长纤维2号

作物名称　帚用高粱

种质名称　长纤维2号

科　　名　禾本科

属　　名　高粱属

种　　名　高粱种

学　　名　*Sorghum bicolor*（L.）Moench

采 集 地　赤峰市巴林左旗林东镇水泉沟村

主要特征特性　属于帚用高粱品种，出苗至成熟102天。幼苗绿色，叶边缘紫色，芽鞘紫色，少量分蘖；株高141.7cm，穗长55.3cm，穗柄长47.5cm，穗侧散，帚形；籽粒黄色，颖壳黄色，3/4包被。该品种具有耐盐碱、抗倒伏、耐贫瘠等特性，农户种植较多，主要以捆绑笤帚为主，少量捆绑炊帚、制作工艺品等。

P150422004 齐头红

作物名称　帚用高粱

种质名称　齐头红

科　　名　禾本科

属　　名　高粱属

种　　名　高粱种

学　　名　*Sorghum bicolor* (L.) Moench

采 集 地　内蒙古赤峰市巴林左旗林东镇水泉沟村

主要特征特性　属于帚用高粱品种，从出苗至成熟92天，是抗战备荒品种，适宜在春季干旱严重播种较晚时种植。幼苗绿色，芽鞘紫色，无分蘖；株高255.7cm，穗长61.2cm，穗柄长36.3cm，穗侧散，帚形；籽粒黄色，颖壳橙黄色，3/4包被。当地农户少量种植，主要用其捆绑笤帚。

大板青苗

作物名称　高粱

种质名称　大板青苗

科　　名　禾本科

属　　名　高粱属

种　　名　高粱种

学　　名　*Sorghum bicolor*（L.）Moench

采 集 地　内蒙古赤峰市巴林右旗巴彦塔拉苏木宝木图嘎查

主要特征特性　属于帚用高粱品种，出苗至成熟108天。幼苗绿色，芽鞘紫色，少量分蘖；株高189.7cm，穗长75.3cm，茎粗1.4cm，穗柄长30.3cm，穗侧散，帚形；籽粒黄色，颖壳黄色，全包被。由于该品种穗柄较短，当地农户在田间地头或自家小院少量种植，用来捆绑笤帚、炊帚。

小白仁

作物名称　高粱

种质名称　小白仁

科　　名　禾本科

属　　名　高粱属

种　　名　高粱

学　　名　*Sorghum vulgare* Pers

采 集 地　内蒙古赤峰市巴林右旗巴彦塔拉苏木宝木图嘎查

主要特征特性　属于食用高粱品种，出苗至成熟109天。幼苗绿色，叶边缘紫色，芽鞘紫色；株高180.3cm，穗长25.7cm，穗纺锤形，中散穗；籽粒白色，颖壳黑色，1/3包被。该品种籽粒白色，过去粮食稀缺时以食用为主，现在很少种植。

P150423031 甜高粱

作物名称　高粱

种质名称　甜高粱

科　　名　禾本科

属　　名　高粱属

种　　名　高粱

学　　名　*Sorghum bicolor*（L.）Moench

采 集 地　内蒙古赤峰市巴林右旗查干诺尔镇额尔根勿苏村

主要特征特性　属于糖用高粱品种，出苗至成熟123天。幼苗绿色，芽鞘紫色；株高252cm，穗长27.1cm，穗纺锤形，紧穗，花序紧密，花序梗直立；籽粒红色，颖壳褐色，1/2包被。该品种茎秆甜，含糖高，主要用于工业原料（制糖、酿酒、造纸、做建材板）。

P150424013 笤帚苗子（小黑人）

作物名称　高粱

种质名称　笤帚苗子（小黑人）

科　　名　禾本科

属　　名　高粱属

种　　名　高粱种

学　　名　*Sorghum bicolor*（L.）Moench

采 集 地　内蒙古赤峰市林西县官地镇下官地村

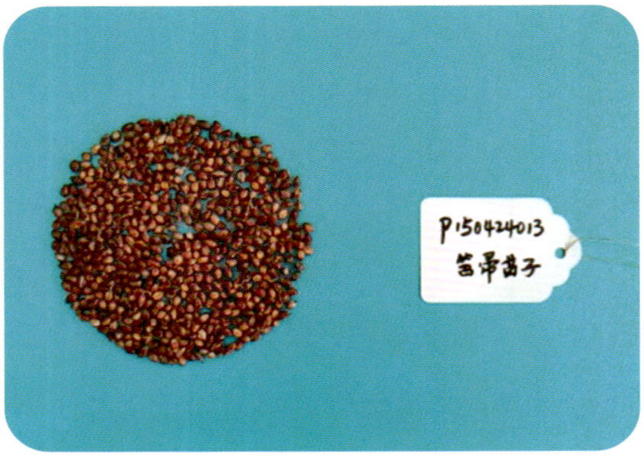

主要特征特性　出苗至成熟93天，属于极早熟帚用高粱品种。幼苗绿色，芽鞘绿色，分蘖少；株高151cm，穗长48.3cm，穗侧散，帚形；籽粒红色，颖壳褐色，3/4包被。农户自行留种，在田间地头少量种植，用来捆绑笤帚、炊帚等。

P150426005 笤帚苗子

作物名称　高粱

种质名称　笤帚苗子

科　　名　禾本科

属　　名　高粱属

种　　名　高粱种

学　　名　*Sorghum bicolor* (L.) Moench

采 集 地　内蒙古赤峰市翁牛特旗乌敦套海镇梅林地村

主要特征特性　属于帚用高粱品种，出苗至成熟117天。幼苗绿色，芽鞘紫色，分蘖少；株高350.3cm，穗长53.3cm，穗侧散，帚形；籽粒黄色，颖壳黄色，3/4包被。因其植株较高，不抗倒伏，农户只在地边或自家小院少量种植，用来捆绑笤帚、炊帚等。

P150426008 炊帚苗子

作物名称　高粱

种质名称　炊帚苗子

科　　名　禾本科

属　　名　高粱属

种　　名　高粱种

学　　名　*Sorghum bicolor*（L.）Moench

采 集 地　内蒙古赤峰市翁牛特旗桥头镇东洼村牛家沟组

主要特征特性　出苗至成熟91天，属于极早熟帚用高粱品种。幼苗绿色，芽鞘绿色，无分蘖；株高271.2cm，穗长58.3cm，穗侧散，帚形；籽粒黄色，颖壳红色，3/4包被。该品种秋天籽粒成熟后落粒严重，当颖壳变黄时应及时采收。当地农户自家留种，少量种植，用来捆绑炊帚。

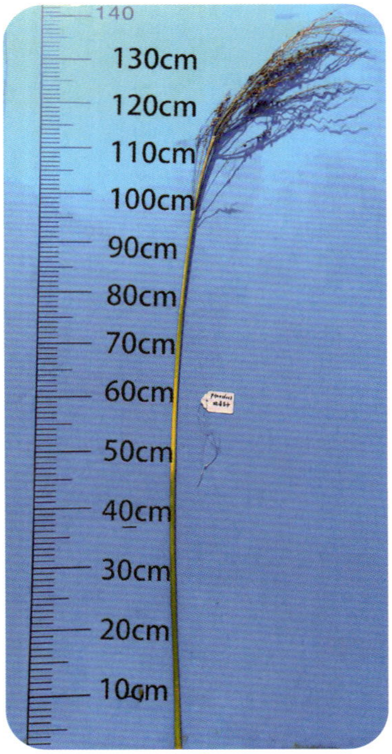

红壳高粱-1

作物名称　高粱

种质名称　红壳高粱-1

科　　名　禾本科

属　　名　高粱属

种　　名　高粱种

学　　名　*Sorghum bicolor*（L.）Moench

采 集 地　内蒙古赤峰市喀喇沁旗南台子乡小南沟村

主要特征特性　属于酿造高粱品种，出苗至成熟114天。幼苗紫色，芽鞘紫色，无分蘖；株高325.7cm，穗长25.7cm，茎粗1.2cm，穗柄长61.3cm，穗纺锤形，散穗；叶脉白色，籽粒黄色，颖壳黑色，3/4包被。该品种籽粒产量较低，现在种植较少。

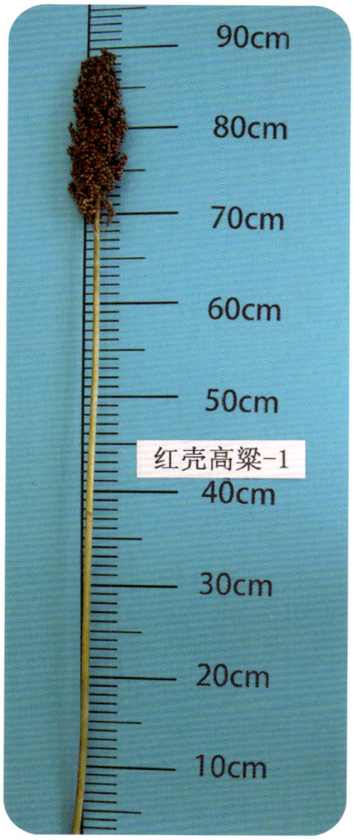

P150429015 扫帚苗

作物名称　高粱

种质名称　扫帚苗

科　　名　禾本科

属　　名　高粱属

种　　名　高粱种

学　　名　*Sorghum bicolor*（L.）Moench

采 集 地　内蒙古赤峰市宁城县忙农镇三家村

主要特征特性　属于帚用高粱品种，出苗至成熟116天。幼苗绿色，芽鞘紫色；株高373cm，穗长50.7cm，穗侧散，帚形；籽粒黄色，颖壳红色，3/4包被。该品种植株较高，不抗倒伏，农户自家留种，少量种植，用来捆绑笤帚、炊帚，制作盖帘等。

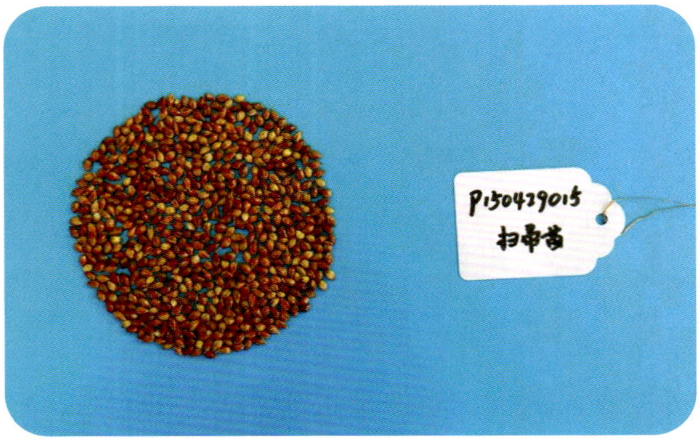

P150429043 扫帚苗子

作物名称　高粱

种质名称　扫帚苗子

科　　名　禾本科

属　　名　高粱属

种　　名　高粱种

学　　名　*Sorghum bicolor*（L.）Moench

采 集 地　内蒙古赤峰市宁城县右北平乡头道营子村

主要特征特性　属于帚用高粱品种，出苗至成熟115天。幼苗绿色，芽鞘紫色；株高299.3cm，穗长51.7cm，穗侧散，帚形；籽粒黄色，颖壳红色，2/3包被。该品种植株较高，不抗倒伏，农户自家留种，少量种植，用来捆绑笤帚、炊帚等。

赤研130

作物名称 高粱

种质名称 赤研130

科　　名 禾本科

属　　名 高粱属

种　　名 高粱

学　　名 *Sorghum vulgare* Pers

采 集 地 内蒙古赤峰市敖汉旗新惠镇大各各召村

主要特征特性 属于食用高粱品种，出苗至成熟109天。芽鞘绿色，幼苗绿色；株高243.7cm，穗长21.3cm，穗纺锤形，中紧穗；籽粒乳白色，颖壳黄色，1/2包被。该品种籽粒糯性，以食用、饲用为主。可以煮高粱米粥，加工成面粉后可以蒸黏豆包，撒切糕。

P150403006 大红糜

作物名称　糜子

种质名称　大红糜

科　　名　禾本科

属　　名　黍属

种　　名　黍、稷或糜

学　　名　*Panicum-miliaceum*

采 集 地　内蒙古赤峰市元宝山区美丽河镇公格营子村

主要特征特性　粳性，幼苗绿色，中熟品种，生育期105天左右，侧穗，谷壳红色，米色黄。株高160cm左右，主茎节数8节，主穗长43cm。抗黑穗病、黍瘟病，抗旱、抗倒、抗落粒性强，耐贫瘠，适应性广。

小白黍子

作物名称　糜子

种质名称　小白黍子

科　　名　禾本科

属　　名　黍属

种　　名　黍、稷或糜

学　　名　*Panicum-miliaceum*

采 集 地　内蒙古赤峰市松山区安庆镇

主要特征特性　糯性，幼苗绿色，中熟品种，生育期107天左右，侧密穗，谷壳白色，米色黄。株高158cm左右，主茎节数8节，主穗长30cm。该品种抗黑穗病、黍瘟病强。

P150421067 巴盟大黄黍子

作物名称　黍稷

种质名称　巴盟大黄黍子

科　　名　禾本科

属　　名　黍属

种　　名　黍、稷或糜

学　　名　*Panicum-miliaceum*

采 集 地　内蒙古赤峰市元宝山区美丽河镇公格营子村

主要特征特性　糯性，幼苗绿色，中熟品种，生育期110天左右，侧穗，谷壳黄色，米色黄。株高162cm左右，主茎节数9节，主穗长42cm。该品种亩产量100~150kg，食用口感好，较香。该品种抗病、虫性强。

P150421070 白皮糜子

作物名称　黍稷

种质名称　白皮糜子

科　　名　禾本科

属　　名　黍属

种　　名　黍、稷或糜

学　　名　*Panicum-miliaceum*

采 集 地　内蒙古赤峰市阿鲁科尔沁旗赛罕塔拉苏木衙门嘎查

主要特征特性　粳性，幼苗绿色，晚熟品种，生育期120天左右，侧穗，谷壳白色，米色黄。株高150~160cm，主茎节数8节，主穗长43cm。该品种亩产100~200kg，食用口感好。抗黑穗病、黍瘟病，抗落粒性强。

P150421060 大白黍子

作物名称　黍稷

种质名称　大白黍子

科　　名　禾本科

属　　名　黍属

种　　名　黍、稷或糜

学　　名　*Panicum-miliaceum*

采 集 地　内蒙古赤峰市阿鲁科尔沁旗新民乡新民村

主要特征特性　糯性，幼苗绿色，晚熟品种，生育期115天左右，侧穗，谷壳白色，米色黄。株高165cm左右，主茎节数9节，主穗长47cm。该品种产量较高，耐贫瘠，适应性广，抗黑穗病强，米质好，黏度大，口感好。

P150421063 大红黍

作物名称　黍稷

种质名称　大红黍

科　　名　禾本科

属　　名　黍属

种　　名　黍、稷或糜

学　　名　*Panicum-miliaceum*

采 集 地　内蒙古赤峰市阿鲁科尔沁旗新民乡新民村

主要特征特性　糯性，该品种属中熟品种，生育期110天左右。幼苗绿色，侧穗，谷壳红色，米色黄。株高160cm左右，主茎节数8节，主穗长45cm。该品种高产、优质、适应性广。

P150421085 大黄黍

作物名称　黍稷

种质名称　大黄黍

科　　名　禾本科

属　　名　黍属

种　　名　黍、稷或糜

学　　名　*Panicum-miliaceum*

采 集 地　内蒙古赤峰市阿鲁科尔沁旗天山镇太平庄村

主要特征特性　糯性，幼苗绿色，中熟品种，生育期106天左右，侧穗，谷壳黄色，米色黄。株高150cm左右，主茎节数9节，主穗长45cm，亩产150~200kg。该品种抗黑穗病、黍瘟病，抗落粒性强。食用口感好，黏度大。

P150421111 黑杆红黍子

作物名称　黍稷

种质名称　黑杆红黍子

科　　名　禾本科

属　　名　黍属

种　　名　黍、稷或糜

学　　名　*Panicum-miliaceum*

采 集 地　内蒙古赤峰市阿鲁科尔沁旗新民乡新民村

主要特征特性　该品种植株秆为黑褐色，籽粒为红色，抗旱性强，耐贫瘠。糯性，晚熟品种，生育期111天左右，侧穗，谷壳红色，米色黄。株高155cm左右，主茎节数7节，主穗长42cm。该品种耐贫瘠，耐热性强。米质糯性好，口感好。

P150421069 黑糜子

作物名称　黍稷

种质名称　黑糜子

科　　名　禾本科

属　　名　黍属

种　　名　黍、稷或糜

学　　名　*Panicum-miliaceum*

采 集 地　内蒙古赤峰市阿鲁科尔沁旗赛罕塔拉苏木尚欣嘎查

主要特征特性　该品种粳性，幼苗绿色，中熟品种，生育期109天左右，谷壳褐色，米色黄。株高150cm左右，主茎节数7节，主穗长28cm，产量不如黄糜子高，产量偏低。该品种口感好，抗旱、抗倒、抗落粒性强。

P150421066 黄糜子

作物名称　黍稷

种质名称　黄糜子

科　　名　禾本科

属　　名　黍属

种　　名　黍、稷或糜

学　　名　*Panicum-miliaceum*

采 集 地　内蒙古赤峰市阿鲁科尔沁旗赛罕塔拉苏木尚欣嘎查

主要特征特性　粳性，幼苗绿色，中熟品种，侧穗，谷壳黄色，米色黄。株高160cm左右，主茎节数9节，主穗长48cm，亩产200~300kg。该品种抗黑穗病、抗倒性强。

P150421082 笊篱头黍子

作物名称　黍稷

种质名称　笊篱头黍子

科　　名　禾本科

属　　名　黍属

种　　名　黍、稷或糜

学　　名　*Panicum-miliaceum*

采 集 地　内蒙古赤峰市阿鲁科尔沁旗天山镇疙瘩窝铺村

主要特征特性　糯性，幼苗绿色，早熟品种，生育期90天左右，密穗，谷壳红色，米色黄。株高100cm左右，主茎节数6节，主穗长28cm，分蘖性强。该品种抗旱性强，品质优，适应性广。食用口感好，黏度大。

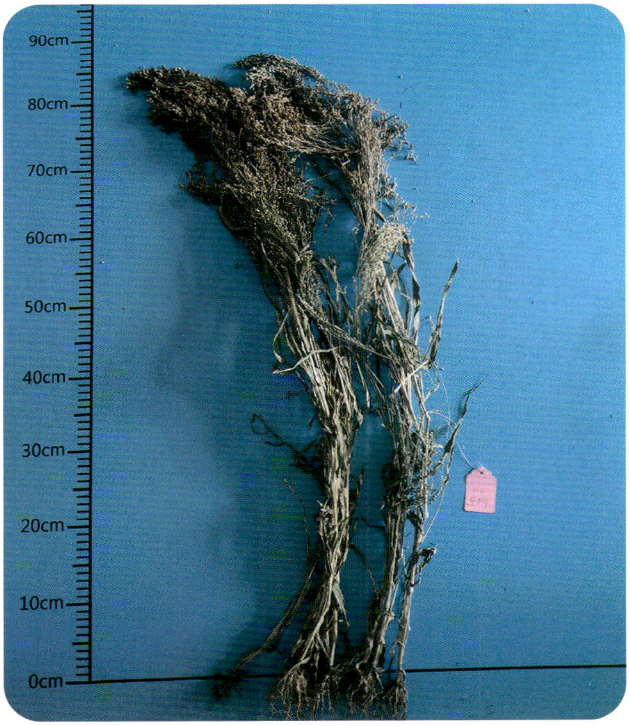

林东白黍子

作物名称　黍稷

种质名称　林东白黍子

科　　名　禾本科

属　　名　黍属

种　　名　黍、稷或糜

学　　名　*Panicum-miliaceum*

采 集 地　内蒙古赤峰市巴林左旗

主要特征特性　糯性，幼苗绿色，中熟品种，生育期105天左右，侧穗，谷壳白色，米色黄。株高155cm左右，主茎节数8节，主穗长45cm。该品种抗黑穗病、黍瘟病性强。

左旗黑珍珠

作物名称　黍稷

种质名称　左旗黑珍珠

科　　名　禾本科

属　　名　黍属

种　　名　黍、稷或糜

学　　名　*Panicum-miliaceum*

采 集 地　内蒙古赤峰市巴林左旗

主要特征特性　糯性，幼苗绿色，中熟品种，生育期110天左右，侧穗，谷壳褐色，米色黄。株高170cm左右，主茎节数10节，主穗长55cm。该品种抗旱、抗倒性强。

P150422041 大黄黍

作物名称　黍稷

种质名称　大黄黍

科　　名　禾本科

属　　名　黍属

种　　名　黍、稷或糜

学　　名　*Panicum-miliaceum*

采 集 地　内蒙古赤峰市巴林左旗林东镇馒头敖包村

主要特征特性　糯性，幼苗绿色，中熟品种，生育期110天左右，侧穗，谷壳黄色，米色黄。株高165cm左右，主茎节数9节，主穗长46cm。该品种抗黑穗病、抗黍瘟病性强，适应性广。

P150422045 黄黍笤帚头

作物名称　黍稷

种质名称　黄黍笤帚头

科　　名　禾本科

属　　名　黍属

种　　名　黍、稷或糜

学　　名　*Panicum-miliaceum*

采 集 地　内蒙古赤峰市巴林左旗林东镇馒头敖包村

主要特征特性　糯性，幼苗绿色，中熟品种，生育期110天左右，散穗，谷壳黄色，米色黄。株高165cm左右，主茎节数9节，主穗长48cm。该品种抗旱、抗倒、抗落粒性强。

脂黄黍子

作物名称　黍稷

种质名称　脂黄黍子

科　　名　禾本科

属　　名　黍属

种　　名　黍、稷或糜

学　　名　*Panicum-miliaceum*

采 集 地　内蒙古赤峰市林西县

主要特征特性　糯性，幼苗绿色，中熟品种，生育期110天左右，侧穗，谷壳黄色，米色黄。株高165cm左右，主茎节数8节，主穗长40cm。该品种抗黑穗病、抗旱、抗倒、抗落粒性强。

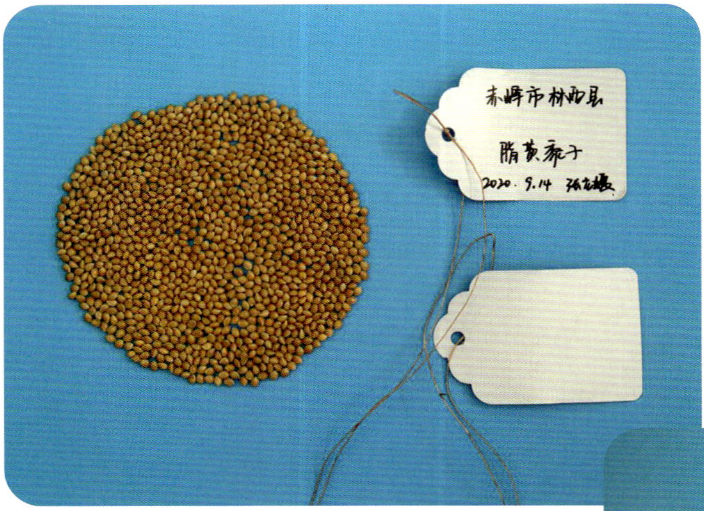

喀旗白黍子

作物名称　黍稷

种质名称　喀旗白黍子

科　　名　禾本科

属　　名　黍属

种　　名　黍、稷或糜

学　　名　*Panicum-miliaceum*

采 集 地　内蒙古赤峰市喀喇沁旗

主要特征特性　糯性，幼苗绿色，中熟品种，生育期108天左右，密穗，谷壳白色，米色黄。株高164cm左右，主茎节数9节，主穗长25cm。该品种抗旱、抗倒性强。

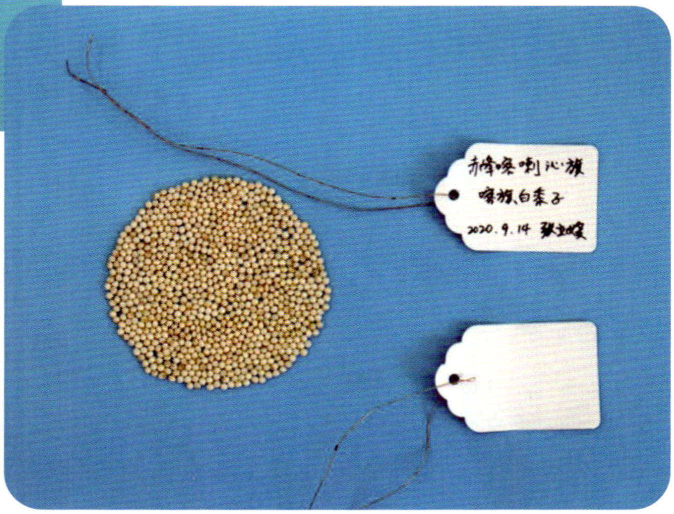

南湾子白黍子

作物名称　黍稷

种质名称　南湾子白黍子

科　　名　禾本科

属　　名　黍属

种　　名　黍、稷或糜

学　　名　*Panicum-miliaceum*

采 集 地　内蒙古赤峰市宁城县

主要特征特性　糯性，幼苗绿色，中熟品种，生育期110天左右，侧密穗，谷壳白色，米色黄。株高158cm左右，主茎节数7节，主穗长35cm。该品种抗黍瘟病、抗旱性强。米质优、黏度好。

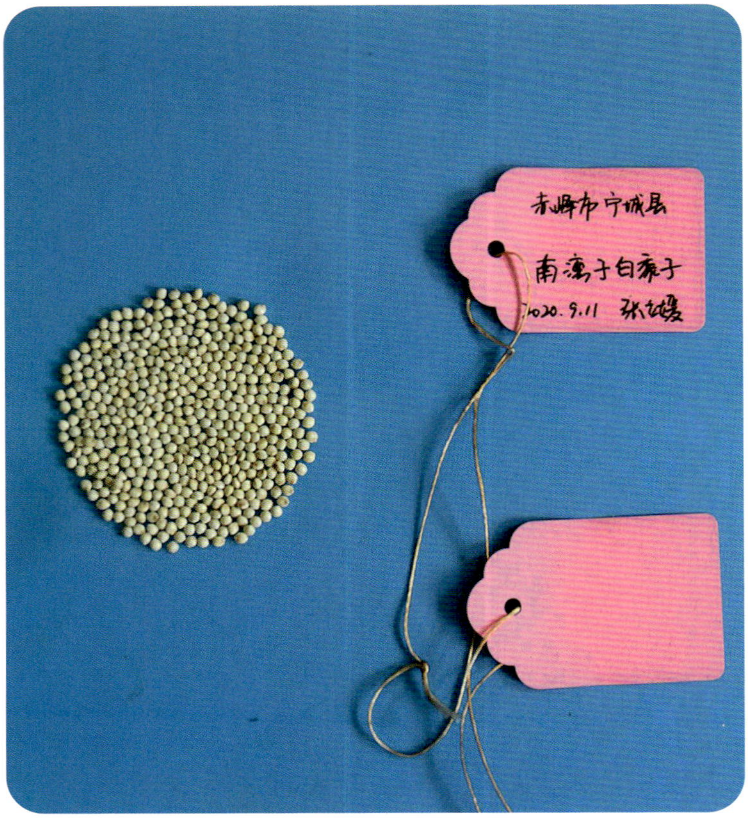

60天小黄糜

作物名称　黍稷

种质名称　60天小黄糜

科　　名　禾本科

属　　名　黍属

种　　名　黍、稷或糜

学　　名　*Panicum-miliaceum*

采 集 地　内蒙古赤峰市宁城县

主要特征特性　粳性，幼苗绿色，中熟品种，生育期106天左右，侧密穗，谷壳黄色，米色黄。株高155cm左右，主茎节数8节，主穗长30cm。该品种抗旱、抗倒性强。

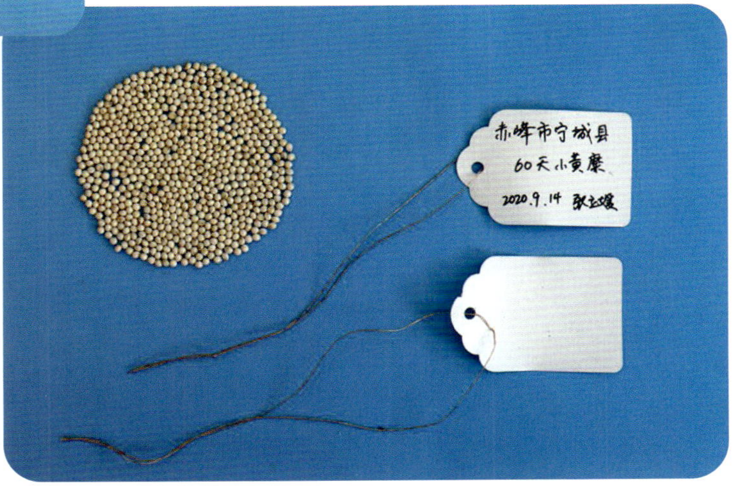

小白黍子

作物名称　黍稷

种质名称　小白黍子

科　　名　禾本科

属　　名　黍属

种　　名　黍、稷或糜

学　　名　*Panicum-miliaceum*

采 集 地　内蒙古赤峰市宁城县

主要特征特性　糯性，幼苗绿色，中熟品种，生育期110天左右，侧密穗，谷壳白色，米色黄。株高160cm左右，主茎节数8节，主穗长35cm。该品种抗病、抗倒性强。

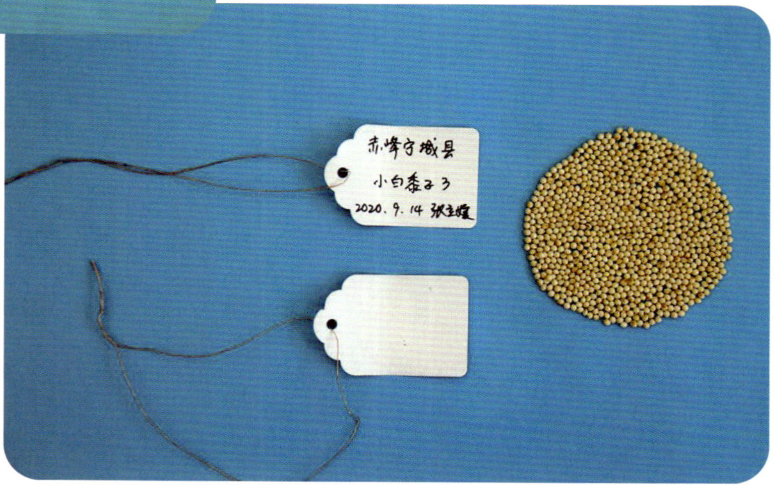

P150403014 小粒荞麦

作物名称　荞麦

种质名称　小粒荞麦

科　　名　蓼科

属　　名　荞麦属

种　　名　甜荞

学　　名　*Fagopyrum esculentum* Moench.

采 集 地　内蒙古赤峰市元宝山区平庄镇马架子村

主要特征特性　该品种生育期为98天左右，植株幼苗绿色，株型紧凑，株高113.5cm，花序伞状紧密，花色白色，主茎节数16.2节，分枝4.8个，叶柄互生，粒型楔形，粒色为褐色，千粒重26.2g，亩产80.2kg。该品种耐贫瘠、抗旱、适应性广，适宜在内蒙古赤峰市等同类生态区种植。

P150403018 苦荞

作物名称　荞麦

种质名称　苦荞

科　　名　蓼科

属　　名　荞麦属

种　　名　苦荞

学　　名　*Fagopyrum tartaricun* Moench.

采 集 地　内蒙古赤峰市元宝山区五家镇金桥村

主要特征特性　该品种生育期为97天左右，植株幼苗绿色，株高107.5cm，花色绿色，主茎节数17.5节，分枝4.3个，叶柄互生，千粒重18.1g，亩产69.4kg。该品种耐贫瘠、抗旱、适应性广，适宜在内蒙古赤峰市等干旱、半干旱的同类生态区种植。

P150403025 荞麦

作物名称　荞麦

种质名称　荞麦

科　　名　蓼科

属　　名　荞麦属

种　　名　甜荞

学　　名　*Fagopyrum esculentum* Moench.

采 集 地　内蒙古赤峰市元宝山区五家镇望甘池村

主要特征特性　该品种幼苗绿色，株高118.3cm，花序伞状紧密，花色白色，主茎节数16.4节，分枝5.3个，叶柄互生，籽粒褐色、楔形，生育期97天，千粒重26.1g，亩产78.9kg。该品种耐贫瘠、抗旱、适应性广，适宜在内蒙古赤峰市等同类生态区种植。

P150421037 荞麦

作物名称　荞麦

种质名称　荞麦

科　　名　蓼科

属　　名　荞麦属

种　　名　甜荞

学　　名　*Fagopyrum esculentum* Moench.

采 集 地　内蒙古赤峰市阿鲁科尔沁旗巴彦花镇莫如格其格村

主要特征特性　该品种幼苗绿色，株高125.3cm，花序伞状紧密，花色白色，主茎节数17.6节，分枝5.2个，叶柄互生，籽粒褐色、楔形，生育期92天，千粒重24.9g，亩产77.5kg。该品种耐贫瘠、抗旱、适应性广，适宜在内蒙古赤峰市等同类生态区种植。

P150422022 小粒荞麦

作物名称　荞麦

种质名称　小粒荞麦

科　　名　蓼科

属　　名　荞麦属

种　　名　甜荞

学　　名　*Fagopyrum esculentum* Moench.

采 集 地　内蒙古赤峰市巴林左旗查干哈达苏木红光嘎查

主要特征特性　该品种株高125.3cm，幼苗绿色，花序伞状紧密，花色白色，主茎节数17.6节，分枝5.2个，叶柄互生，籽粒褐色、楔形，生育期92天，千粒重24.9g，亩产77.5kg。耐贫瘠、抗旱、适应性广。

P150423014 小粒荞麦

作物名称　荞麦

种质名称　小粒荞麦

科　　名　蓼科

属　　名　荞麦属

种　　名　甜荞

学　　名　*Fagopyrum esculentum* Moench.

采 集 地　内蒙古赤峰市巴林右旗巴彦琥硕镇山头村

主要特征特性　该品种株高149.6cm，幼苗绿色，花序伞状紧密，花色白色，主茎节数15节，分枝5.4个，叶柄互生，籽粒褐色、楔形，生育期95天，千粒重31.7g，亩产88.5kg。耐贫瘠、抗旱、适应性广。

P150424002 小粒荞麦

作物名称　荞麦

种质名称　小粒荞麦

科　　名　蓼科

属　　名　荞麦属

种　　名　甜荞

学　　名　*Fagopyrum esculentum* Moench.

采 集 地　内蒙古赤峰市林西县大井镇

主要特征特性　该品种株高112.3cm，幼苗绿色，花序伞状紧密，花色白色，主茎节数16.5节，分枝4.9个，叶柄互生，籽粒褐色、楔形，生育期93天，千粒重26.1g，亩产77.5kg。耐贫瘠、抗旱、适应性广。

P150424017 小粒荞麦

作物名称　荞麦

种质名称　小粒荞麦

科　　名　蓼科

属　　名　荞麦属

种　　名　甜荞

学　　名　*Fagopyrum esculentum* Moench.

采 集 地　内蒙古赤峰市林西县大井镇

主要特征特性　该品种株高111.3cm，幼苗绿色，花序伞状紧密，花色白色，主茎节数16.8节，分枝4.3个，叶柄互生，籽粒褐色、楔形，生育期95天，千粒重34.9g，亩产85.2kg。耐贫瘠、抗旱、适应性广。

P150425015 小粒荞麦

作物名称　荞麦

种质名称　小粒荞麦

科　　名　蓼科

属　　名　荞麦属

种　　名　甜荞

学　　名　*Fagopyrum esculentum* Moench.

采 集 地　内蒙古赤峰市克什克腾旗万合永镇万德成村

主要特征特性　该品种株高109.8cm，幼苗绿色，花序伞状紧密，花色白色，主茎节数16.4节，分枝4.6个，叶柄互生，植株紧凑，籽粒褐色、楔形，生育期98天，千粒重26.1g，亩产74.1kg。耐贫瘠、抗旱、适应性广。

P150425012 苦荞麦

作物名称　荞麦

种质名称　苦荞麦

科　　名　蓼科

属　　名　荞麦属

种　　名　苦荞

学　　名　*Fagopyrum tataricum*（L.）Gaertn

采 集 地　内蒙古赤峰市克什克腾旗万合永镇柳林村

主要特征特性　该品种株高118.5cm，幼苗绿色，花色绿色，主茎节数16.5节，分枝6.5个，叶柄互生，生育期96天，千粒重19.1g，亩产75.3kg。耐贫瘠、抗旱、适应性广。

P150429030 甜荞麦

作物名称　荞麦

种质名称　甜荞麦

科　　名　蓼科

属　　名　荞麦属

种　　名　甜荞

学　　名　*Fagopyrum esculentum* Moench.

采 集 地　内蒙古赤峰市宁城县右北平镇甸子村

主要特征特性　该品种株高119.8cm，幼苗绿色，花序伞状紧密，花色白色，主茎节数15.8节，分枝4.5个，叶柄互生，植株紧凑，籽粒褐色、楔形，生育期98天，千粒重27.8g，亩产75.6kg。耐贫瘠、抗旱、适应性广。

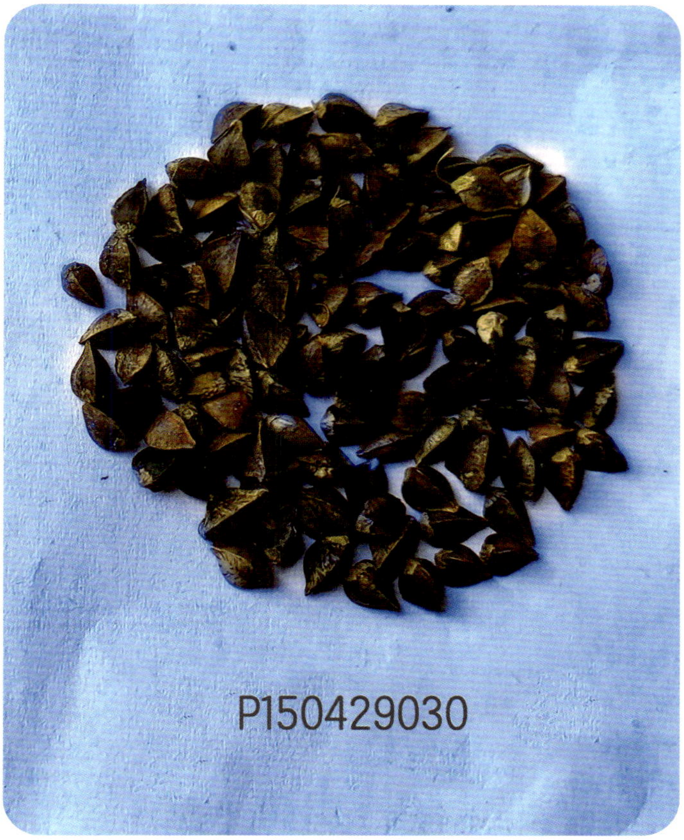

P150429046 甜荞麦

作物名称　荞麦

种质名称　甜荞麦

科　　名　蓼科

属　　名　荞麦属

种　　名　甜荞

学　　名　*Fagopyrum esculentum* Moench.

采 集 地　内蒙古赤峰市宁城县必斯营子村

主要特征特性　该品种幼苗绿色，花序伞状紧密，花色白色，株高120.8cm，主茎节数13.8节，分枝4.8个，叶柄互生，植株紧凑，籽粒褐色、楔形，生育期89天，千粒重25.7g，亩产73.9kg。耐贫瘠、抗旱、适应性广。

P150429033 苦荞麦

作物名称 荞麦

种质名称 苦荞麦

科　　名 蓼科

属　　名 荞麦属

种　　名 苦荞

学　　名 *Fagopyrum tataricum*（L.）Gaertn

采 集 地 内蒙古赤峰市宁城县右北平镇甸子村

主要特征特性 该品种株高115.2cm，幼苗绿色，主茎节数18.6节，分枝5.0个，叶柄互生，植株紧凑，籽粒灰色，生育期95天，千粒重19.1g，亩产65.2kg。耐贫瘠、抗旱、适应性广。

敖汉小粒

作物名称　荞麦

种质名称　小粒荞麦

科　　名　蓼科

属　　名　荞麦属

种　　名　甜荞

学　　名　*Fagopyrum esculentum* Moench.

采 集 地　内蒙古赤峰市敖汉旗新惠镇

主要特征特性　该品种株高119.6cm，幼苗绿色，花序伞状紧密，花色白色，主茎节数17.5节，分枝4.3个，叶柄互生，植株紧凑，籽粒褐色、楔形，生育期93天，千粒重25.1g，亩产85.2kg。耐贫瘠、抗旱、适应性广。

敖汉大粒

作物名称　荞麦

种质名称　大粒荞麦

科　　名　蓼科

属　　名　荞麦属

种　　名　甜荞

学　　名　*Fagopyrum esculentum* Moench.

采 集 地　内蒙古赤峰市敖汉旗新惠镇

主要特征特性　该品种株高117.5cm，幼苗绿色，花序伞状紧密，花色白色，主茎节数16.8节，分枝4.9个，叶柄互生，植株紧凑，籽粒褐色、楔形，生育期93天，千粒重26.9g，亩产77.4kg。耐贫瘠、抗旱、适应性广。

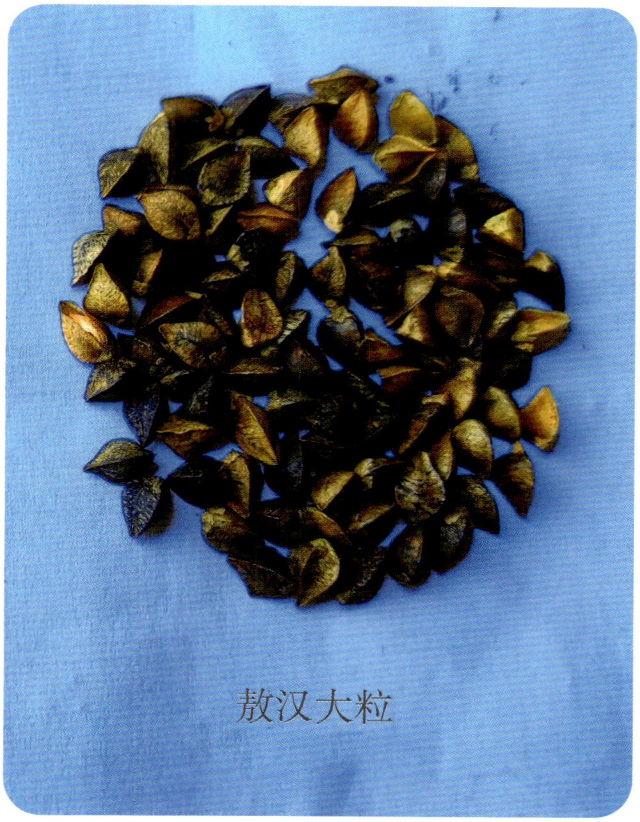

P150423008 莜麦

作物名称　裸燕麦

种质名称　莜麦

科　　名　禾本科

属　　名　燕麦属

种　　名　裸燕麦

学　　名　*Avena sativa* L.

采 集 地　内蒙古赤峰市巴林右旗索博日嘎镇常兴村

主要特征特性　该燕麦品种生育期99天，幼苗直立，叶片深绿色，株高89.5cm，侧散形穗，穗长16.4cm，粒黄色、长卵圆形，千粒重24.6g，亩产143.9kg。耐贫瘠、抗旱、适应性广。

P150424026 旱莜麦

作物名称　裸燕麦

种质名称　旱莜麦

科　　名　禾本科

属　　名　燕麦属

种　　名　裸燕麦

学　　名　*Avena sativa* L.

采 集 地　内蒙古赤峰市林西县统部镇

主要特征特性　该品种生育期99天，幼苗直立，叶片深绿色，株高85.4cm，侧散形穗，穗长15.3cm，粒黄色、长卵圆形，千粒重25.1g，亩产153.2kg。易感黑穗病。

P150424028 旱莜麦

作物名称　裸燕麦

种质名称　旱莜麦

科　　名　禾本科

属　　名　燕麦属

种　　名　裸燕麦

学　　名　*Avena sativa* L.

采 集 地　内蒙古赤峰市林西县新林镇

主要特征特性　该品种生育期97天，幼苗直立，叶片深绿色，株高87.2cm，侧散形穗，穗长15.8cm，粒黄色、长卵圆形，千粒重22.8g，亩产165.3kg。适应性广。

P150425009 莜麦

作物名称　裸燕麦

种质名称　莜麦

科　　名　禾本科

属　　名　燕麦属

种　　名　裸燕麦

学　　名　*Avena sativa* L.

采 集 地　内蒙古赤峰市克什克腾旗同兴镇河南营子村

主要特征特性　该品种生育期97天，幼苗直立，叶片深绿色，株高81.2cm，侧散形穗，穗长14.7cm，粒黄色、长卵圆形，千粒重23.8g，亩产150.2kg。耐贫瘠、抗旱、适应性广。

P150422024 春小麦

作物名称　小麦

种质名称　春小麦

科　　名　禾本科

属　　名　小麦属

种　　名　普通小麦

学　　名　*Triticum aestivum* L.

采 集 地　内蒙古赤峰市巴林左旗富河镇加拉嘎村

主要特征特性　生育期96天，整齐度一般，幼苗直立，基本苗38.45万/亩，有效穗数40.13万/亩。叶片长披针形，株高104cm，穗纺锤形，长芒，白壳，穗下茎25.0cm，穗长7.8cm，籽粒红色、硬质，穗发芽轻，黑胚率0.1%，穗粒数40.3粒，千粒重43.1g，容重801.7g/L，抗旱，抗白粉病、叶锈病。该品种适宜在黑龙江、内蒙古、河北、甘肃和新疆等省份活动积温2100℃以上的地区种植。

P150422025 旱小麦

作物名称　小麦

种质名称　旱小麦

科　　名　禾本科

属　　名　小麦属

种　　名　普通小麦

学　　名　*Triticum aestivum* L.

采 集 地　内蒙古赤峰市巴林左旗富河镇加拉嘎村

主要特征特性　生育期95天，整齐度一般，幼苗直立，基本苗39.12万/亩，有效穗数40.25万/亩。叶片长披针形，株高109cm，穗纺锤形，长芒，白壳，穗下茎36.5cm，穗长8.1cm，籽粒红色、硬质，穗发芽轻，黑胚率0.3%，穗粒数40.7粒，千粒重44.0g，容重803.9g/L，抗旱，抗白粉病、叶锈病。该品种适宜在黑龙江、内蒙古、河北、甘肃和新疆等省份活动积温2100℃以上的地区种植。

P150423001 晋麦

作物名称　小麦

种质名称　晋麦

科　　名　禾本科

属　　名　小麦属

种　　名　普通小麦

学　　名　*Triticum aestivum* L.

采 集 地　内蒙古赤峰市巴林右旗巴彦琥硕镇山头村

主要特征特性　生育期96天，整齐度一般，幼苗直立，基本苗39.78万/亩，有效穗数41.47万/亩。叶片长披针形，株高103cm，穗纺锤形，长芒，白壳，穗下茎23.5cm，穗长8.0cm，籽粒红色、硬质，穗发芽轻，黑胚率0.2%，穗粒数39.3粒，千粒重41.8g，容重893.7g/L，抗旱，抗白粉病、叶锈病。该品种适宜在黑龙江、内蒙古、河北、甘肃和新疆等省份活动积温2100℃以上的地区种植。

P150423006 带芒稀麦

作物名称　小麦

种质名称　带芒稀麦

科　　名　禾本科

属　　名　小麦属

种　　名　普通小麦

学　　名　*Triticum aestivum* L.

采 集 地　内蒙古赤峰市巴林右旗索博日嘎镇常兴村

主要特征特性　生育期101天，整齐度一般，幼苗直立，基本苗40.29万/亩，有效穗数42.51万/亩。叶片长披针形，株高106cm，穗纺锤形，长芒，白壳，穗下茎17.0cm，穗长11.5cm，籽粒红色、硬质，穗发芽轻，黑胚率0.7%，穗粒数42.6粒，千粒重25.6g，容重983.6g/L，抗旱，抗白粉病、叶锈病。该品种适宜在黑龙江、内蒙古、河北、甘肃和新疆等省份活动积温2300℃以上的地区种植。

P150423007 秃麦

作物名称　小麦

种质名称　秃麦

科　　名　禾本科

属　　名　小麦属

种　　名　普通小麦

学　　名　*Triticum aestivum* L.

采 集 地　内蒙古赤峰市巴林右旗索博日嘎镇常兴村

主要特征特性　生育期97天，整齐度一般，幼苗直立，基本苗39.55万/亩，有效穗数40.36万/亩。叶片长披针形，株高110cm，穗纺锤形，无芒，白壳，穗下茎20.3cm，穗长7.3cm，籽粒红色、硬质，穗发芽轻，黑胚率0.7%，穗粒数39.9粒，千粒重45.4g，容重859.6g/L，抗旱，抗白粉病、叶锈病。该品种适宜在黑龙江、内蒙古、河北、甘肃和新疆等省份活动积温2200℃以上的地区种植。

P150423027 铁春1号

作物名称　小麦

种质名称　铁春1号

科　　名　禾本科

属　　名　小麦属

种　　名　普通小麦

学　　名　*Triticum aestivum* L.

采 集 地　内蒙古赤峰市巴林右旗西拉沐沦苏木一村

主要特征特性　生育期95天，整齐度一般，幼苗直立，基本苗39.81万/亩，有效穗数40.43万/亩。叶片长披针形，株高89cm，穗纺锤形，长芒，白壳，穗下茎20.1cm，穗长9.2cm，籽粒红色、硬质，穗发芽轻，黑胚率0.9%，穗粒数38.7粒，千粒重45.4g，容重861.9g/L，抗旱，抗白粉病、叶锈病。该品种适宜在黑龙江、内蒙古、河北、甘肃和新疆等省份活动积温2100℃以上的地区种植。

P150424025 辽25

作物名称　小麦

种质名称　辽25

科　　名　禾本科

属　　名　小麦属

种　　名　普通小麦

学　　名　*Triticum aestivum* L.

采 集 地　内蒙古赤峰市林西县新林镇

主要特征特性　生育期93天，整齐度较好，幼苗直立，基本苗39.61万/亩，有效穗数40.60万/亩。叶片长披针形，株高104cm，穗纺锤形，长芒，白壳，穗下茎37.2cm，穗长8.3cm，籽粒红色、硬质，穗发芽轻，黑胚率0.6%，穗粒数41.7粒，千粒重43.4g，容重892.3g/L，抗旱，抗白粉病、叶锈病。该品种适宜在黑龙江、内蒙古、河北、甘肃和新疆等省份活动积温2100℃以上的地区种植。

P150424031 秃头

作物名称　小麦

种质名称　秃头

科　　名　禾本科

属　　名　小麦属

种　　名　普通小麦

学　　名　*Triticum aestivum* L.

采 集 地　内蒙古赤峰市林西县新林镇

主要特征特性　生育期97天，整齐度一般，幼苗直立，基本苗39.11万/亩，有效穗数40.23万/亩。叶片长披针形，株高121cm，穗纺锤形，无芒，白壳，穗下茎34.1cm，穗长6.0cm，籽粒红色、硬质，穗发芽轻，黑胚率0.9%，穗粒数43.2粒，千粒重36.8g，容重898.4g/L，抗旱，抗白粉病、叶锈病。该品种适宜在黑龙江、内蒙古、河北、甘肃和新疆等省份活动积温2200℃以上的地区种植。

P150425019 晋麦

作物名称　小麦

种质名称　晋麦

科　　名　禾本科

属　　名　小麦属

种　　名　普通小麦

学　　名　*Triticum aestivum* L.

采 集 地　内蒙古赤峰市克什克腾旗同兴镇安乐村

主要特征特性　生育期95天，整齐度一般，幼苗直立，基本苗39.83万/亩，有效穗数40.87万/亩。叶片长披针形，株高107cm，穗纺锤形，长芒，白壳，穗下茎24.5cm，穗长6.4cm，籽粒红色、硬质，穗发芽轻，黑胚率0.5%，穗粒数42.7粒，千粒重38.4g，容重872.9g/L，抗旱，抗白粉病、叶锈病。该品种适宜在黑龙江、内蒙古、河北、甘肃和新疆等省份活动积温2100℃以上的地区种植。

P150425022 黑小麦

作物名称　小麦

种质名称　黑小麦

科　　名　禾本科

属　　名　小麦属

种　　名　普通小麦

学　　名　*Triticum aestivum* L.

采 集 地　内蒙古赤峰市克什克腾旗同兴镇努其宫村

主要特征特性　生育期98天，整齐度一般，幼苗直立，基本苗38.76万/亩，有效穗数39.38万/亩。叶片长披针形，株高108cm，穗纺锤形，长芒，白壳，穗下茎27.5cm，穗长8.4cm，籽粒黑紫色、硬质，穗发芽轻，黑胚率0.1%，穗粒数43.9粒，千粒重38.4g，容重887.6g/L，抗旱，抗白粉病、叶锈病。该品种适宜在黑龙江、内蒙古、河北、甘肃和新疆等省份活动积温2200℃以上的地区种植。

P150426023 秋麦

作物名称　小麦

种质名称　秋麦

科　　名　禾本科

属　　名　小麦属

种　　名　普通小麦

学　　名　*Triticum aestivum* L.

采 集 地　内蒙古赤峰市翁牛特旗广德公镇六合庄村

主要特征特性　生育期99天，整齐度较好，幼苗直立，基本苗39.37万/亩，有效穗数40.79万/亩。叶片长披针形，株高102cm，穗纺锤形，长芒，白壳，穗下茎26.2cm，穗长9.9cm，籽粒红色、硬质，穗发芽轻，黑胚率0.1%，穗粒数39.7粒，千粒重38.2g，容重845.4g/L，抗旱，抗白粉病、叶锈病。该品种适宜在黑龙江、内蒙古、河北、甘肃和新疆等省份活动积温2200℃以上的地区种植。

P150426051 大麦

作物名称　大麦
种质名称　大麦
科　　名　禾本科
属　　名　大麦属
种　　名　大麦种
学　　名　*Hordeum vulgare* L.
采 集 地　内蒙古赤峰市翁牛特旗桥头镇敖包村

主要特征特性　生育期93天，整齐度较好，幼苗直立，基本苗34.33万/亩，有效穗数37.71万/亩。叶片长披针形，株高96cm，穗纺锤形，长芒，白壳，穗下茎19.0cm，穗长7.4cm，籽粒红色、硬质，穗发芽轻，黑胚率0.1%，穗粒数33.4粒，千粒重48.2g，容重642.7g/L，抗旱，抗白粉病、叶锈病。该品种适宜在黑龙江、内蒙古、河北、甘肃和新疆等省份活动积温2000℃以上的地区种植。

P150403010 小瓜子-1

作物名称　向日葵

种质名称　小瓜子-1

科　　名　菊科

属　　名　向日葵属

种　　名　向日葵

学　　名　*Helianthus annuus* L.

采 集 地　内蒙古赤峰市元宝山区平庄镇马架子村

主要特征特性　食油兼用型常规品种。生育期122天，幼茎浅紫色，整齐度一致。株高330cm，茎粗3.7cm，无分枝，叶片数39个，叶侧脉锐角，舌状花中等黄色。花盘平盘，花盘直径 24.3cm，花盘倾斜度5级，籽粒长卵形，灰黑色无条纹，粒长1.74cm，粒宽0.62cm，百粒重7.33g，单盘粒重105.95g，籽仁率71.47%，结实率83.84%。不育株率0，分枝株率0，倒伏株率1.77%，折茎株率2.89%。该品种适宜在北方各省份活动积温2500℃以上的地区种植。

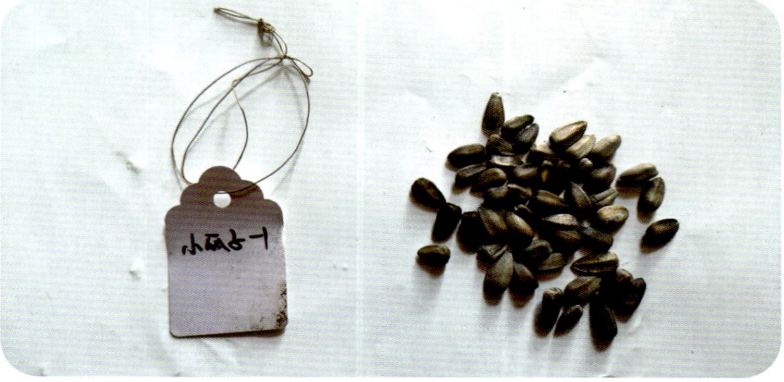

P150403010 小瓜子-2

作物名称　向日葵

种质名称　小瓜子-2

科　　名　菊科

属　　名　向日葵属

种　　名　向日葵

学　　名　*Helianthus annuus* L.

采 集 地　内蒙古赤峰市元宝山区平庄镇马架子村

主要特征特性　食油兼用型常规品种。生育期122天，幼茎绿色，整齐度一致。株高310cm，茎粗3.6cm，无分枝，叶片数38个，叶侧脉近直角，舌状花淡黄色。花盘平盘，花盘直径 24.7cm，花盘倾斜度5级，籽粒长卵形，灰白色无条纹，粒长1.71cm，粒宽0.57cm，百粒重8.34g，单盘粒重121.73g，籽仁率77.51%，结实率85.84%。不育株率0，分枝株率0，倒伏株率1.29%，折茎株率1.99%。该品种适宜在北方各省份活动积温2500℃以上的地区种植。

P150403010 小瓜子-3

作物名称　向日葵

种质名称　小瓜子-3

科　　名　菊科

属　　名　向日葵属

种　　名　向日葵

学　　名　*Helianthus annuus* L.

采 集 地　内蒙古赤峰市元宝山区平庄镇马架子村

主要特征特性　食油兼用型常规品种。生育期122天，幼茎浅紫色，整齐度一致。株高297cm，茎粗3.6cm，无分枝，叶片数37个，叶侧脉锐角，舌状花深黄色。花盘平盘，花盘直径26.2cm，花盘倾斜度5级，籽粒宽卵形，黑紫色无条纹，粒长1.80cm，粒宽0.73cm，百粒重10.24g，单盘粒重128.91g，籽仁率74.32%，结实率83.78%。不育株率0，分枝株率0，倒伏株率1.31%，折茎株率2.44%。该品种适宜在北方各省份活动积温2500℃以上的地区种植。

P150403010 小瓜子-4

作物名称　向日葵

种质名称　小瓜子-4

科　　名　菊科

属　　名　向日葵属

种　　名　向日葵

学　　名　*Helianthus annuus* L.

采 集 地　内蒙古赤峰市元宝山区平庄镇马架子村

主要特征特性　食油兼用型常规品种。生育期122天，幼茎绿色，整齐度一致。株高305cm，茎粗3.7cm，无分枝，叶片数36个，叶侧脉锐角，舌状花中等黄色。花盘平盘，花盘直径22.5cm，花盘倾斜度5级，籽粒长卵形，灰色无条纹，粒长1.68cm，粒宽0.52cm，百粒重7.93g，单盘粒重98.37g，籽仁率68.32%，结实率75.82%。不育株率0，分枝株率0，倒伏株率1.44%，折茎株率2.83%。该品种适宜在北方各省份活动积温2500℃以上的地区种植。

P150403010 小瓜子-5

作物名称　向日葵

种质名称　小瓜子-5

科　　名　菊科

属　　名　向日葵属

种　　名　向日葵

学　　名　*Helianthus annuus* L.

采 集 地　内蒙古赤峰市元宝山区平庄镇马架子村

主要特征特性　食油兼用型常规品种。生育期122天，幼茎绿色，整齐度一致。株高283cm，茎粗3.5cm，无分枝，叶片数36个，叶侧脉近直角，舌状花中等黄色。花盘平盘，花盘直径22.7cm，花盘倾斜度5级，籽粒长卵形，黑底白边白条纹，粒长1.66cm，粒宽0.51cm，百粒重7.65g，单盘粒重97.22g，籽仁率70.12%，结实率68.33%。不育株率0，分枝株率0，倒伏株率0.71%，折茎株率1.53%。该品种适宜在北方各省份活动积温2500℃以上的地区种植。

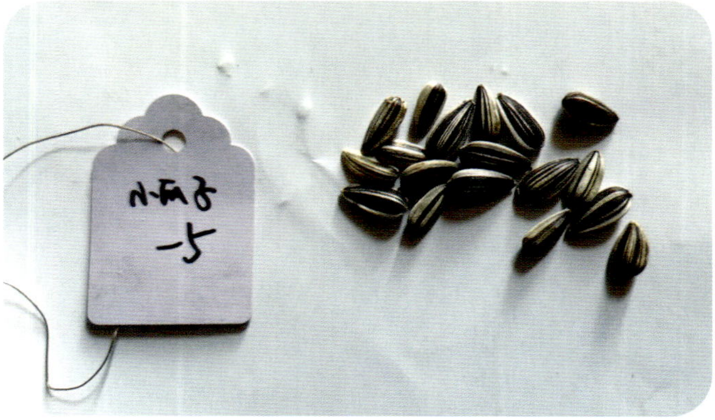

P150403010 小瓜子-6

作物名称　向日葵

种质名称　小瓜子-6

科　　名　菊科

属　　名　向日葵属

种　　名　向日葵

学　　名　*Helianthus annuus* L.

采 集 地　内蒙古赤峰市元宝山区平庄镇马架子村

主要特征特性　食油兼用型常规品种。生育期122天，幼茎绿色，整齐度一致。株高326cm，茎粗3.9cm，无分枝，叶片数39个，叶侧脉锐角，舌状花中等黄色。花盘平盘，花盘直径 24.4cm，花盘倾斜度5级，籽粒长卵形，灰色无条纹，粒长1.69cm，粒宽0.57cm，百粒重7.07g，单盘粒重119.76g，籽仁率78.25%，结实率72.46%。不育株率0，分枝株率0，倒伏株率1.48%，折茎株率2.79%。该品种适宜在北方各省份活动积温2500℃以上的地区种植。

P150403010 小瓜子-7

作物名称　向日葵

种质名称　小瓜子-7

科　　名　菊科

属　　名　向日葵属

种　　名　向日葵

学　　名　*Helianthus annuus* L.

采 集 地　内蒙古赤峰市元宝山区平庄镇马架子村

主要特征特性　食油兼用型常规品种。生育期122天，幼茎浅紫色，整齐度一致。株高279cm，茎粗3.5cm，无分枝，叶片数35个，叶侧脉锐角，舌状花中等黄色。花盘平盘，花盘直径23.6cm，花盘倾斜度5级，籽粒长卵形，灰色无条纹，粒长1.63cm，粒宽0.55cm，百粒重7.99g，单盘粒重103.58g，籽仁率76.13%，结实率71.33%。不育株率0，分枝株率0，倒伏株率0.55%，折茎株率1.02%。该品种适宜在北方各省份活动积温2500℃以上的地区种植。

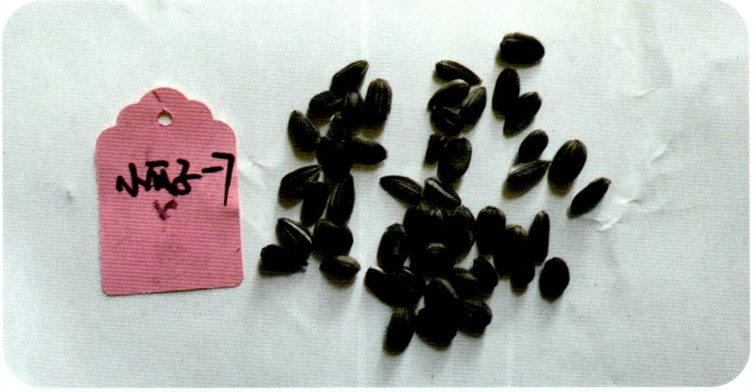

自有资源 元宝嗑

作物名称　向日葵

种质名称　元宝嗑

科　　名　菊科

属　　名　向日葵属

种　　名　向日葵

学　　名　*Helianthus annuus* L.

采 集 地　内蒙古赤峰市松山区城子乡兴隆庄村

主要特征特性　食用型常规品种。生育期119天，幼茎绿色，整齐度一致。株高281cm，茎粗3.4cm，无分枝，叶片数34个，叶侧脉近直角，舌状花中等黄色。花盘平盘，花盘直径24.4cm，花盘倾斜度5级，籽粒宽卵形，黑底白边无条纹，粒长2.19cm，粒宽0.89cm，百粒重14.21g，单盘粒重119.76g，籽仁率53.25%，结实率62.46%。不育株率0，分枝株率0，倒伏株率0，折茎株率0。该品种适宜在北方各省份活动积温2500℃以上的地区种植。

自有资源 三道眉

作物名称　向日葵

种质名称　三道眉

科　　名　菊科

属　　名　向日葵属

种　　名　向日葵

学　　名　*Helianthus annuus* L.

采 集 地　内蒙古赤峰市松山区城子乡兴隆庄村

主要特征特性　食用型常规品种。生育期120天，幼茎绿色，整齐度一致。株高311cm，茎粗3.7cm，无分枝，叶片数37个，叶侧脉锐角，舌状花中等黄色。花盘凸形，花盘直径24.7cm，花盘倾斜度5级，籽粒长卵形，黑底白边白条纹，粒长2.16cm，粒宽0.76cm，百粒重13.07g，单盘粒重124.52g，籽仁率61.43%，结实率65.89%。不育株率0，分枝株率0，倒伏株率1.45%，折茎株率3.43%。该品种适宜在北方各省份活动积温2500℃以上的地区种植。

自有资源 黑白边

作物名称　向日葵

种质名称　黑白边

科　　名　菊科

属　　名　向日葵属

种　　名　向日葵

学　　名　*Helianthus annuus* L.

采 集 地　内蒙古赤峰市松山区城子乡兴隆庄村

主要特征特性　食用型常规品种。生育期116天，幼茎绿色，整齐度一致。株高231cm，茎粗3.5cm，无分枝，叶片数37个，叶侧脉锐角，舌状花中等黄色。花盘平盘，花盘直径23.2cm，花盘倾斜度5级，籽粒长卵形，黑底白边无条纹，粒长2.24cm，粒宽0.83cm，百粒重13.16g，单盘粒重117.52g，籽仁率56.52%，结实率63.47%。不育株率0，分枝株率0，倒伏株率0.25%，折茎株率0.43%。该品种适宜在北方各省份活动积温2400℃以上的地区种植。

自有资源 白葵

作物名称　向日葵

种质名称　白葵

科　　名　菊科

属　　名　向日葵属

种　　名　向日葵

学　　名　*Helianthus annuus* L.

采 集 地　内蒙古赤峰市松山区城子乡兴隆庄村

主要特征特性　食用型常规品种。生育期118天，幼茎绿色，整齐度一致。株高323cm，茎粗3.8cm，无分枝，叶片数39个，叶侧脉锐角，舌状花中等黄色。花盘平盘，花盘直径24.8cm，花盘倾斜度5级，籽粒长卵形，白底无条纹，粒长2.45cm，粒宽0.79cm，百粒重13.75g，单盘粒重117.24g，籽仁率54.37%，结实率64.92%。不育株率0，分枝株率0，倒伏株率1.73%，折茎株率3.02%。该品种适宜在北方各省份活动积温2500℃以上的地区种植。

P150426014 三道门

作物名称　向日葵

种质名称　三道门

科　　名　菊科

属　　名　向日葵属

种　　名　向日葵

学　　名　*Helianthus annuus* L.

采 集 地　内蒙古赤峰市翁牛特旗广德公镇六合庄村

主要特征特性　食用型常规品种。生育期120天，幼茎绿色，整齐度一致。株高273cm，茎粗3.2cm，无分枝，叶片数33个，叶侧脉锐角，舌状花中等黄色。花盘平盘，花盘直径22.6cm，花盘倾斜度5级，籽粒长卵形，黑底白边白条纹，粒长2.26cm，粒宽0.76cm，百粒重13.26g，单盘粒重102.27g，籽仁率63.25%，结实率67.38%。不育株率0，分枝株率0，倒伏株率0.41%，折茎株率1.43%。该品种适宜在北方各省份活动积温2500℃以上的地区种植。

P150426050 油葵

作物名称　向日葵

种质名称　油葵

科　　名　菊科

属　　名　向日葵属

种　　名　向日葵

学　　名　*Helianthus annuus* L.

采 集 地　内蒙古赤峰市翁牛特旗桥头镇敖包村

主要特征特性　油用型常规品种。生育期117天，幼茎紫色，整齐度一致。株高259cm，茎粗3.2cm，无分枝，叶片数34个，叶侧脉锐角，舌状花中等黄色。花盘凸形，花盘直径22.8cm，花盘倾斜度4级，籽粒长卵形，黑底灰条纹，粒长1.24cm，粒宽0.37cm，百粒重8.06g，单盘粒重101.21g，籽仁率95.22%，结实率97.37%。不育株率0，分枝株率0，倒伏株率0.12%，折茎株率0.49%。该品种适宜在北方各省份活动积温2500℃以上的地区种植。

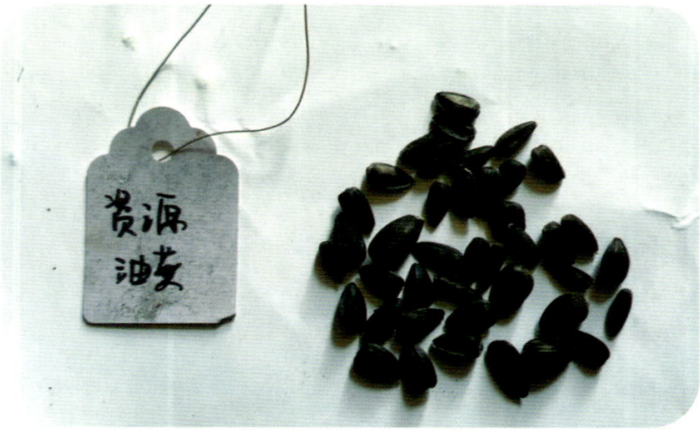

P150421043 五月鲜红土豆

作物名称 马铃薯

种质名称 五月鲜红土豆

科　　名 茄科

属　　名 茄属

种　　名 马铃薯

学　　名 *Solanum tuberosum* L.

采 集 地 内蒙古自治区赤峰市阿鲁科尔沁旗先锋乡新林村

主要特征特性 优质，鲜食，皮色呈粉红色，富含花青素，营养价值较高。生育期65~75天，属于早熟品种，株型为茎型，生长习性为半直立，高度34~50cm，开花频率中等；主茎数1~2个，颜色为绿色带褐色，茎翼性状为微波型，匍匐茎短；复叶大小中等，小叶排列状态为相接，小裂叶数量少，绿色程度中等；小叶联会频率极低，顶小叶大小中等，边缘波状程度极弱，光泽度弱；叶片为浅绿色，莲座状叶顶部有绒毛；开花频率低，花冠中等，颜色浅紫色，形状为星形，花序小。薯型为短卵圆，粉皮黄肉，薯皮略麻，芽眼深，芽眼基部为粉红色。抗晚疫病，中抗病毒病。

在赤峰市阿鲁科尔沁旗、敖汉旗、林西县等地均有栽培，多为农家院种植。适合质地疏松、排水便利、富含有机质的壤土。

P150404013 白芸豆

作物名称　芸豆

种质名称　白芸豆

科　　名　豆科

属　　名　菜豆属

种　　名　菜豆

学　　名　*Phaseolus vulgaris* L.

采 集 地　内蒙古赤峰市松山区大夫营子乡

主要特征特性　一年生草本植物，生长习性直立型，开花紫色，有限结荚习性。成熟豆荚白褐色，单荚粒数5粒，种子黄白色，椭圆形，褐色脐环，色泽明亮，营养非富。百粒重36.9~38.6g，粗脂肪含量1.78%，粗蛋白含量22.15%，粗淀粉含量51.11%，可溶性糖含量4.21%。

P150404021 裕隆11

作物名称　芸豆

种质名称　裕隆11

科　　名　豆科

属　　名　菜豆属

种　　名　菜豆

学　　名　*Phaseolus vulgaris* L.

采 集 地　内蒙古赤峰市松山区夏家店乡

主要特征特性　生长习性蔓生，无限结荚习性。长势强，叶片肥大，呈深绿色。花紫色，第一雌花着生在3~4节，每花序着花4~8朵，结荚3~6个。嫩荚圆棍形，长0~33cm，横径约1.3cm，单荚重约30g。籽粒黑色，无纤维，荚肉厚，品质鲜嫩，商品性好。中熟，从播种至采收嫩荚77天左右。高产，抗病，适应性广。

P150404022 裕隆21

作物名称　芸豆

种质名称　裕隆21

科　　名　豆科

属　　名　菜豆属

种　　名　菜豆

学　　名　*Phaseolus vulgaris* L.

采 集 地　内蒙古赤峰市松山区夏家店乡

主要特征特性　生长习性蔓生，无限结荚习性。长势强，叶片肥大，呈绿色。白花，第一雌花着生在3~4节，每花序着花3~6朵，结荚3~6个。嫩荚棍形，长0~36cm，横径约0.8cm，单荚重约24g。籽粒细长，红色，品质鲜嫩，商品性好。中熟，从播种至采收嫩荚79天左右。高产，抗热性好，抗病，适应性广。

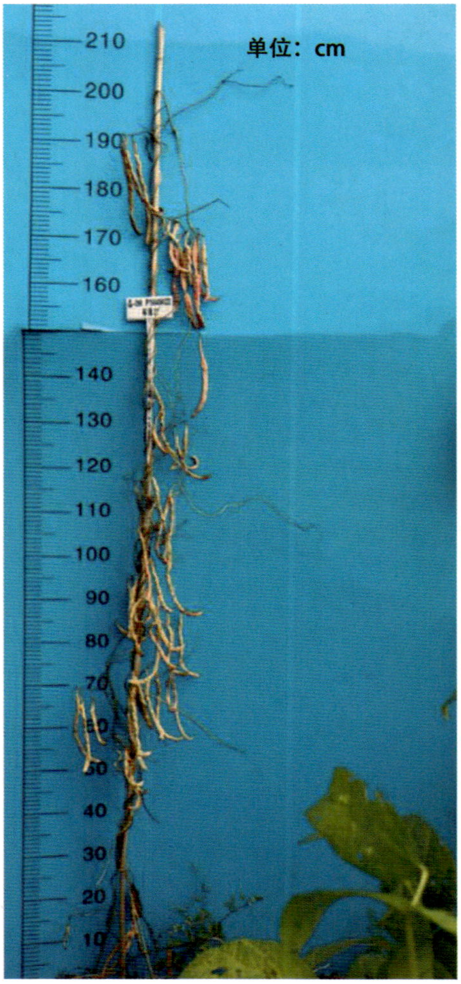

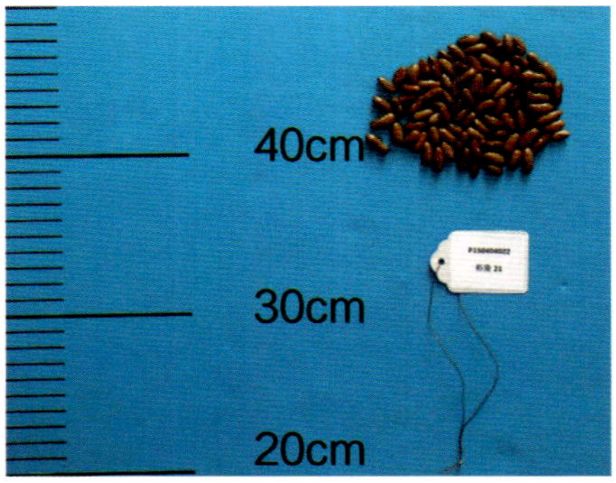

P150404023 紫袍架豆

作物名称　芸豆

种质名称　紫袍架豆

科　　名　豆科

属　　名　菜豆属

种　　名　菜豆

学　　名　*Phaseolus vulgaris* L.

采 集 地　内蒙古赤峰市松山区穆家营子镇丁家地村交界处

主要特征特性　生长习性蔓生，花紫色，无限结荚习性。卵圆形叶。生育期90天，需活动积温2000~2200℃，种皮黑色，扁椭圆形，白瓤，百粒重19g，主茎距根部4~5cm处开始分枝，分枝4~6个。株高35~45cm，单株荚数38个，单荚粒数6粒，亩产75kg左右。含钾1.52mg/g，镁1.935mg/g，钠仅为0.8mg/g，是一种难得的高钾、高镁、低钠食品。

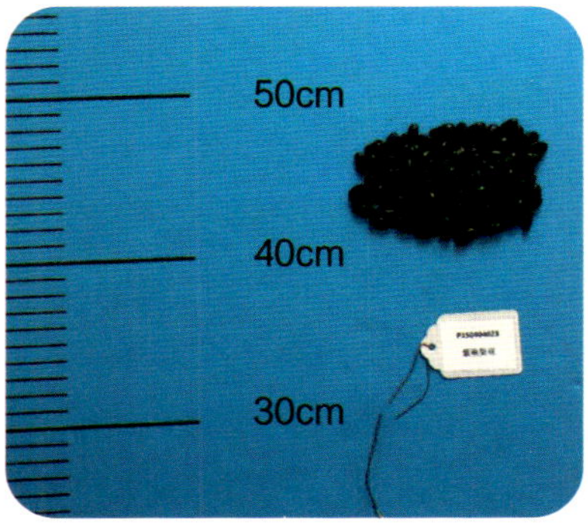

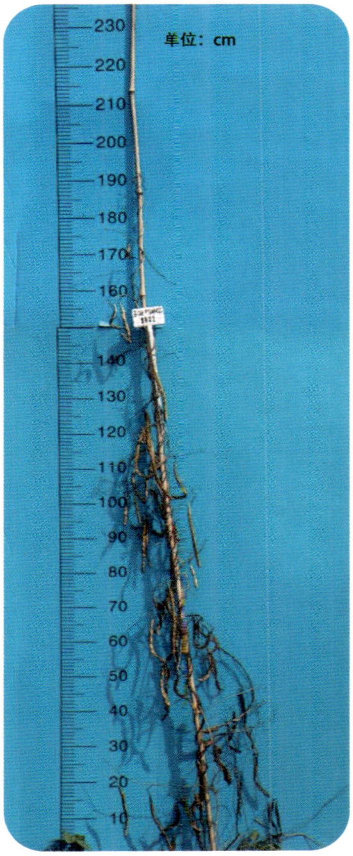

P150404024 九粒红

作物名称　芸豆

种质名称　九粒红

科　　名　豆科

属　　名　菜豆属

种　　名　菜豆

学　　名　*Phaseolus vulgaris* L.

采 集 地　农户

主要特征特性　生长习性蔓生，花紫色，无限结荚习性。卵圆形叶。生育期90天，株高1.52m，主茎分枝4~6个，成熟期白荚，荚长14cm左右，弓形，种皮紫黑色，扁椭圆形，白瓤，百粒重17g。单株荚数45个，单荚粒数9粒。高产，抗热性好，抗病，适应性广。

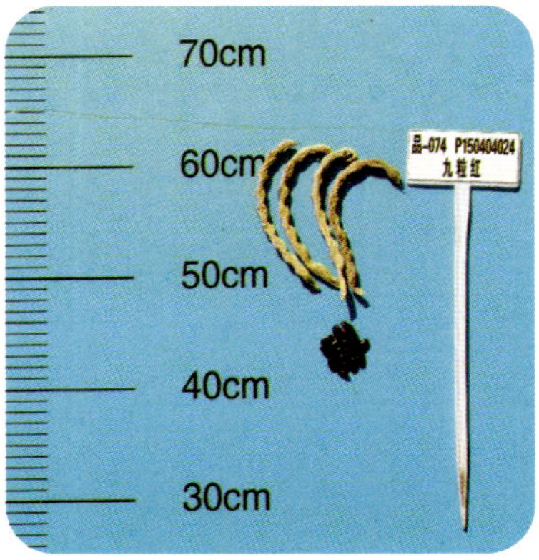

P150404025 大连白

作物名称　芸豆

种质名称　大连白

科　　名　豆科

属　　名　菜豆属

种　　名　菜豆

学　　名　*Phaseolus vulgaris* L.

采 集 地　内蒙古赤峰市松山区上官地镇碱场村

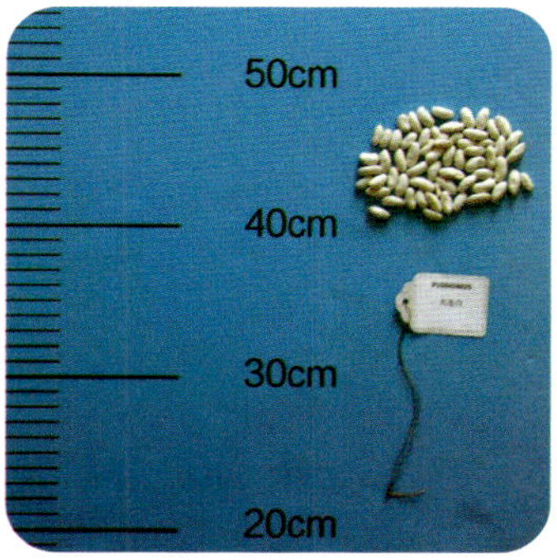

主要特征特性　生长习性蔓生，白花，无限结荚习性。生育期84天，主茎分枝3.6个，主茎节数6~7节，单株荚数14~16个，荚长16cm，荚粒数13~14粒，籽粒白色。粒型浅凹陷肾形。种脐白色，百粒重31~35g。籽粒粗脂肪含量1.57%，粗蛋白质含量22.59%，粗淀粉含量52.35%。

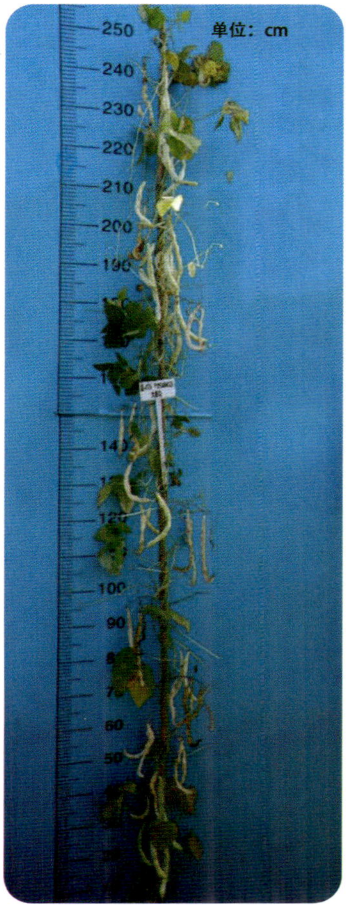

P150404027 株八斤

作物名称　芸豆

种质名称　株八斤

科　　名　豆科

属　　名　菜豆属

种　　名　菜豆

学　　名　*Phaseolus vulgaris* L.

采 集 地　内蒙古赤峰市松山区河南营子村

主要特征特性　生长习性蔓生，白花，无限结荚习性。生育期84天，主茎分枝2.4个，主茎节数5节，单株荚数11个，荚长15cm，荚粒数10粒，籽粒白色。粒型浅凹陷肾形。种脐白色，百粒重29~31g。籽粒粗脂肪含量1.52%，粗蛋白质含量21.34%，粗淀粉含量53.27%。

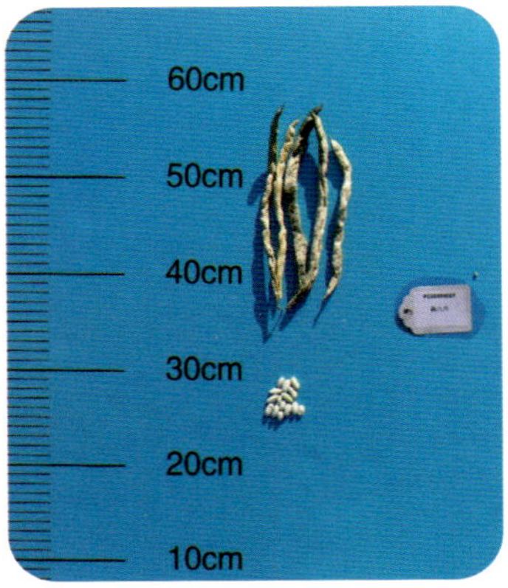

P150404028 压趴架

作物名称　芸豆

种质名称　压趴架

科　　名　豆科

属　　名　菜豆属

种　　名　菜豆

学　　名　*Phaseolus vulgaris* L.

采 集 地　内蒙古赤峰市松山区河南营子村

主要特征特性　生长习性蔓生，白花，无限结荚习性。生育期84天，主茎分枝4.2个，主茎节数7节，单株荚数11个，荚长15cm，荚粒数12粒，籽粒橙红色。粒型细长浅凹陷肾形。种脐白色，百粒重28g。籽粒粗脂肪含量1.32%，粗蛋白质含量20.1%，粗淀粉含量47.27%。

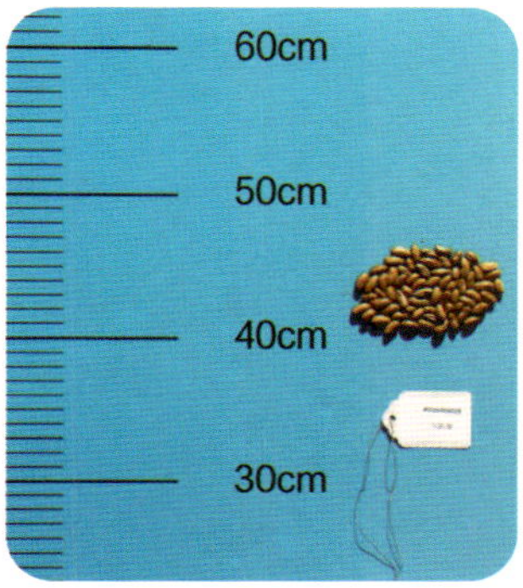

P150404029 老日本花皮豆

作物名称　芸豆

种质名称　老日本花皮豆

科　　名　豆科

属　　名　菜豆属

种　　名　菜豆

学　　名　*Phaseolus vulgaris* L.

采 集 地　内蒙古赤峰市松山区河南营子村

主要特征特性　生长习性蔓生，白花，无限结荚习性。生育期84天，卵圆形叶片，主茎分枝1.2个，主茎节数12节，单株荚数40个，荚长18cm，荚粒数10粒，籽粒白底紫花。粒型浅凹陷肾形。种脐白色，百粒重31~35g。籽粒粗脂肪含量2.32%，粗蛋白质含量21.48%，粗淀粉含量50.35%。

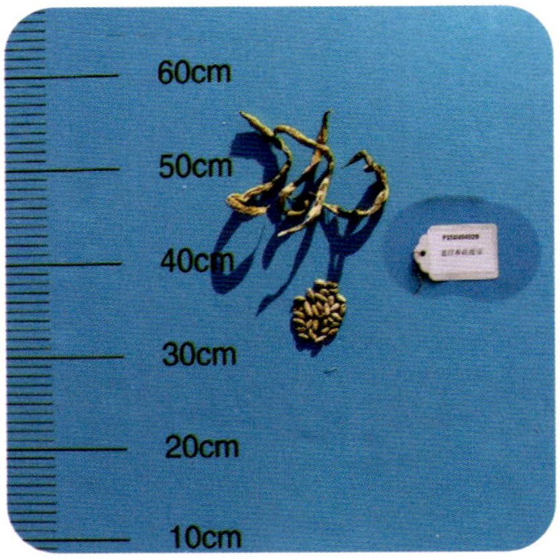

P150421002 矮花芸豆

作物名称　芸豆

种质名称　矮花芸豆

科　　名　豆科

属　　名　菜豆属

种　　名　菜豆

学　　名　*Phaseolus vulgaris* L.

采 集 地　内蒙古赤峰市阿鲁科尔沁旗乌兰哈达乡新林堡村

主要特征特性　生长习性蔓生，白花，无限结荚习性。株高1.85m，卵圆形叶片，深绿色，单株荚数16个，成熟荚白褐色，荚形镰刀形，单株粒数7粒，粒型椭形，白色脐，籽粒粉红色，有光泽，百粒重38.2g左右。该品种生育期90天，旱年头可早成熟，抗病，抗虫，耐涝，耐热，适应性广。主要食用，亩产150kg。

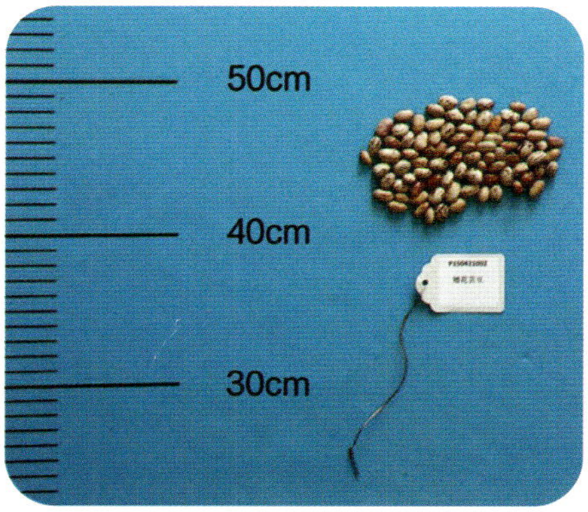

P150421003 红芸豆

作物名称　芸豆

种质名称　红芸豆

科　　名　豆科

属　　名　菜豆属

种　　名　菜豆

学　　名　*Phaseolus vulgaris* L.

采 集 地　内蒙古赤峰市阿鲁科尔沁旗乌兰哈达乡新林堡

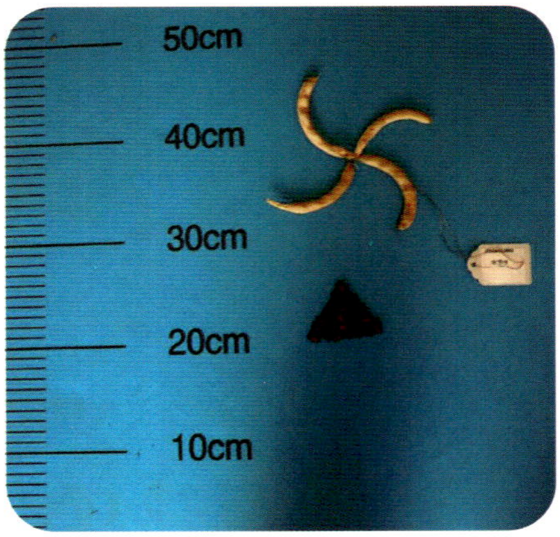

主要特征特性　生长习性蔓生，白花，无限结荚习性。长势强，叶片肥大，呈绿色。第一雌花着生在3~4节，每花序着花3~6朵，结荚3~6个。嫩荚棍形，长0~24cm，横径约1.2cm，单荚重约17g。籽粒细长，小粒，深红色，品质鲜嫩，商品性好。中熟，从播种至采收嫩荚81天左右。高产，抗病，抗旱，抗虫，耐涝，耐热，适应性广。主要食用，做豆包馅、豆饭，亩产150kg。

P150421005 无筋矮面豆

作物名称　芸豆

种质名称　无筋矮面豆

科　　名　豆科

属　　名　菜豆属

种　　名　菜豆

学　　名　*Phaseolus vulgaris* L.

采 集 地　内蒙古赤峰市阿鲁科尔沁旗乌兰哈达乡凤凰山村

主要特征特性　生长习性蔓生，白花，无限结荚习性。长势强，叶片肥大，呈绿色。第一雌花着生在3~4节，每花序着花3~6朵，结荚3~6个。嫩荚棍形，长0~24cm，横径约1.2cm，单荚重约17g。籽粒细长，小粒，深红色，品质鲜嫩，商品性好。中熟，从播种至采收嫩荚81天左右。高产，抗病，适应性广。

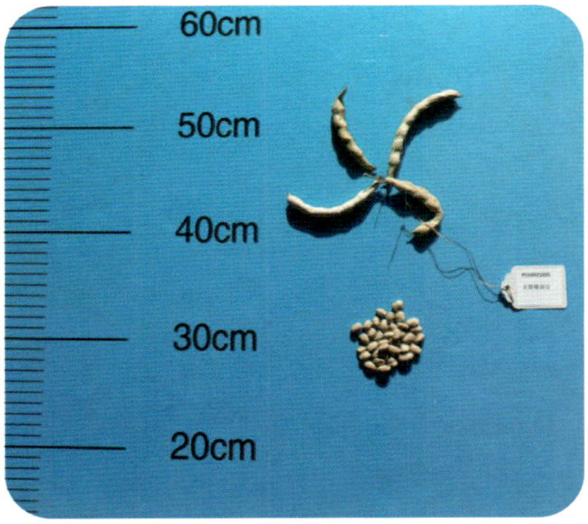

P150421006 紫花皮豆角

作物名称　芸豆

种质名称　紫花皮豆角

科　　名　豆科

属　　名　菜豆属

种　　名　菜豆

学　　名　*Phaseolus vulgaris* L.

采 集 地　内蒙古赤峰市阿鲁科尔沁旗乌兰哈达乡凤凰山村

主要特征特性　早熟，生长习性蔓生，紫花，无限结荚习性。生育期84天，卵圆形叶片，主茎分枝1.2个，主茎节数12节，单株荚数40个，荚长18cm，荚粒数10粒，籽粒黑紫色。粒型浅凹陷肾形。种脐白色，百粒重31~35g。籽粒粗脂肪含量2.32%，粗蛋白质含量21.48%，粗淀粉含量50.35%。

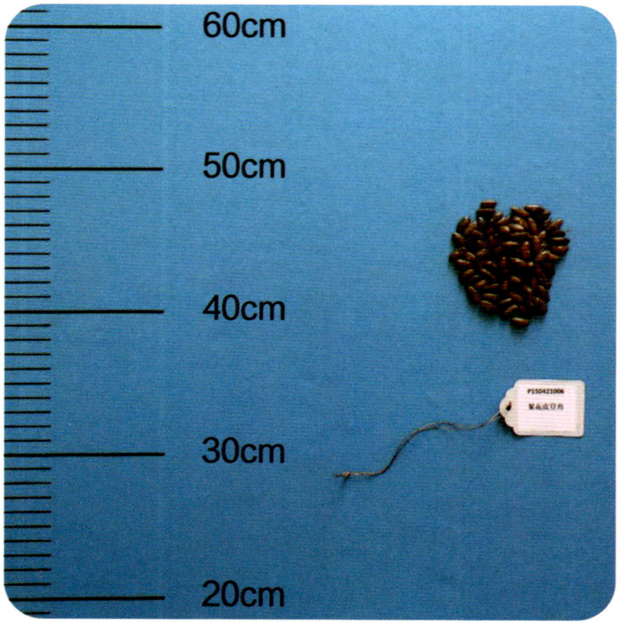

P150421007 看花豆（红花）

作物名称　芸豆

种质名称　看花豆（红花）

科　　名　豆科

属　　名　菜豆属

种　　名　菜豆

学　　名　*Phaseolus vulgaris* L.

采 集 地　内蒙古赤峰市阿鲁科尔沁旗乌兰哈达乡温都尔呼舒村

主要特征特性　生长习性蔓生，红花，无限结荚习性。长势强，叶片肥大，呈深绿色。第一堆花着生在3~4节，每花序着花3~6朵，结荚3~6个。单株荚数46~53个，嫩荚弓形，长0~13cm，横径约1.1cm，单荚粒数3~4个，单荚重约21g。籽粒细长，种皮紫色黑斑，品质鲜嫩，商品性好。中熟，从播种至采收嫩荚84天左右。高产，抗病，适应性广。

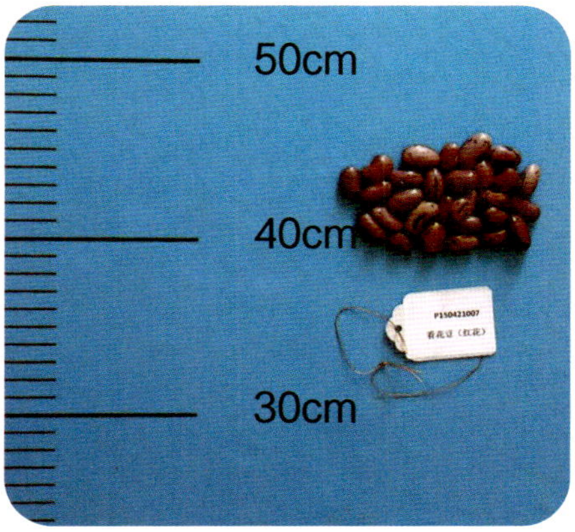

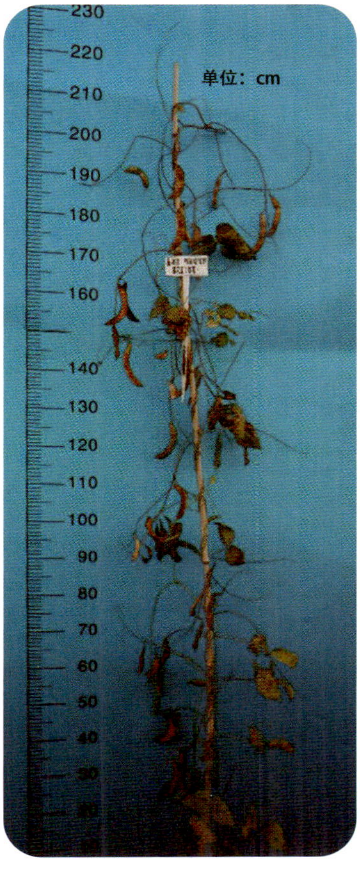

P150421008 看花豆（白花）

作物名称　芸豆

种质名称　看花豆（白花）

科　　名　豆科

属　　名　菜豆属

种　　名　菜豆

学　　名　*Phaseolus vulgaris* L.

采 集 地　内蒙古赤峰市阿鲁科尔沁旗乌兰哈达乡温都尔呼舒村

主要特征特性　生长习性蔓生，白花，无限结荚习性。生育期81天，主茎分枝2.1个，主茎节数6~7节，单株荚数14~16个，荚长16cm，荚粒数13~14粒，籽粒白色。粒型浅凹陷肾形。种脐白色，百粒重31~35g。籽粒粗脂肪含量1.57%，粗蛋白质含量22.59%，粗淀粉含量52.35%。

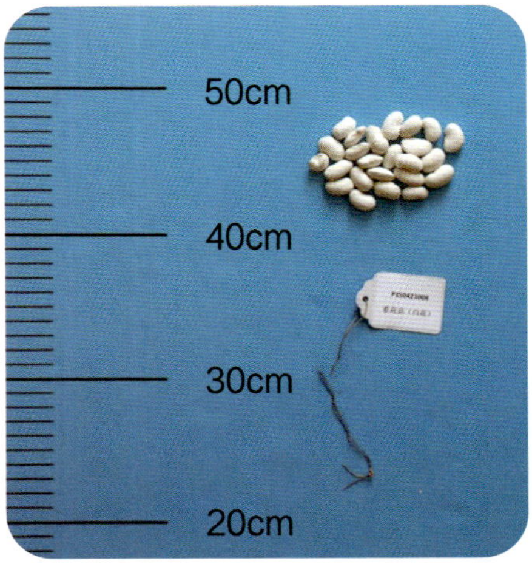

P150421012 紫黑花豆角

作物名称　芸豆

种质名称　紫黑花豆角

科　　名　豆科

属　　名　菜豆属

种　　名　菜豆

学　　名　*Phaseolus vulgaris* L.

采 集 地　内蒙古赤峰市阿鲁科尔沁旗乌兰哈达乡温都尔呼舒村

主要特征特性　早熟，生长习性蔓生，紫花，无限结荚习性。生育期82天，卵圆形叶片，主茎分枝1.4个，主茎节数11节，单株荚数39个，荚长16cm，荚粒数11粒，籽粒黑紫色。粒型浅凹陷肾形。种脐白色，百粒重31~35g。籽粒粗脂肪含量2.32%，粗蛋白质含量21.48%，粗淀粉含量50.35%。

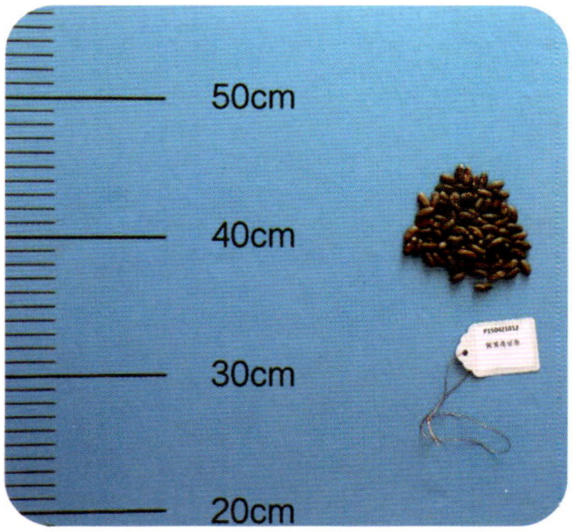

P150421013 天山大明绿

作物名称　绿豆

种质名称　天山大明绿

科　　名　豆科

属　　名　豇豆属

种　　名　绿豆

学　　名　*Glycine max*

采 集 地　内蒙古赤峰市阿鲁科尔沁旗天山口镇八家村

主要特征特性　生长习性半蔓生，无限结荚习性。生育期90天，卵圆形叶片，株高62cm，单株荚数29~34个，豆荚呈扁圆形，荚长13.2cm，单荚粒数10~13粒，籽粒明亮碧绿有光泽。成熟荚黑色，结荚集中，成熟一致不炸荚。抗倒，抗病性强，抗旱，耐贫瘠，主要食用。

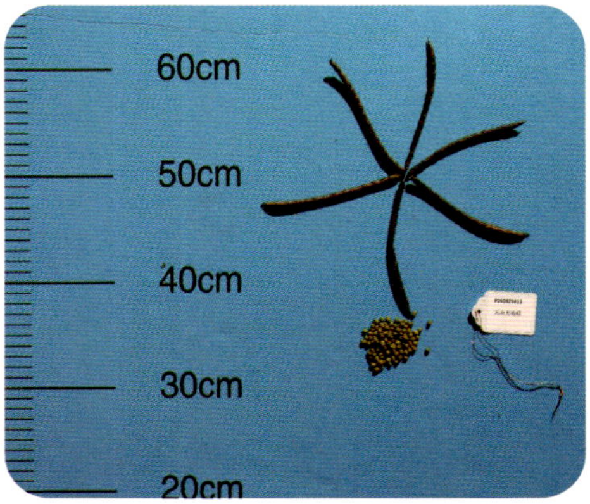

P150421030 小黄绿豆

作物名称　绿豆

种质名称　小黄绿豆

科　　名　豆科

属　　名　豇豆属

种　　名　绿豆

学　　名　*Glycine max*

采 集 地　内蒙古赤峰市阿鲁科尔沁旗巴彦花镇西古井子村

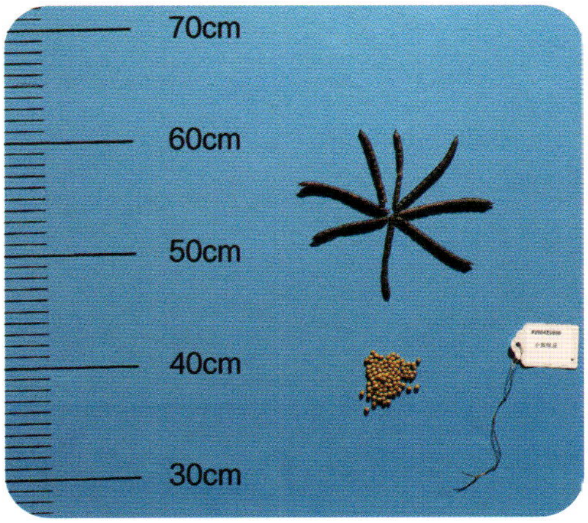

主要特征特性　生长习性直立型，有限结荚习性，籽粒种皮黄色。早熟型品种，生育期78天，卵圆形叶片，株高52cm，单株荚数36~48个，豆荚呈直镰刀形，荚长11.2cm，单荚粒数12粒，籽粒明亮黄色有光泽。成熟荚黑色，结荚集中，成熟一致不炸荚。抗倒，抗病性强。

P150421032 黎小豆

作物名称　黎小豆

种质名称　黎小豆

科　　名　豆科

属　　名　豇豆属

种　　名　小豆

学　　名　*Vigna unguiculata*（L.）Walp.

采 集 地　内蒙古赤峰市阿鲁科尔沁旗巴彦花镇西古井子村

主要特征特性　生长习性半蔓生，分枝多，无限结荚习性。中熟型品种，生育期85天，卵圆形叶片，籽粒种皮黑色，白脐。株高62cm，单株荚数34个，豆荚呈直弓形，荚长9.2cm，单荚粒数10粒，成熟荚黑色，结荚集中，成熟一致不炸荚。抗倒，抗病性强。口感好，煮熟后为红色。

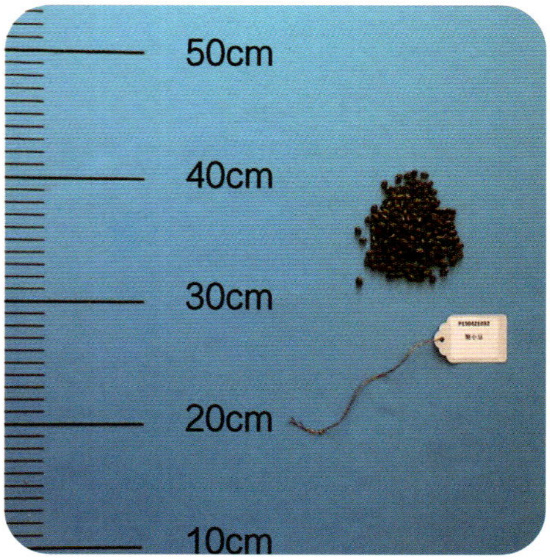

P150421033 红小豆

作物名称　红小豆

种质名称　红小豆

科　　名　豆科

属　　名　豇豆属

种　　名　小豆

学　　名　*Vigna unguiculata*（L.）Walp.

采 集 地　内蒙古赤峰市阿鲁科尔沁旗巴彦花镇西古井子村

主要特征特性　生长习性半蔓生，黄花，无限结荚习性。中熟品种，生育期98天，直立型。株高87cm，单株荚数32个，单荚粒数8~10粒。成熟荚白色，种子圆形，种皮红色，属中粒种，结荚集中，成熟一致不炸荚。

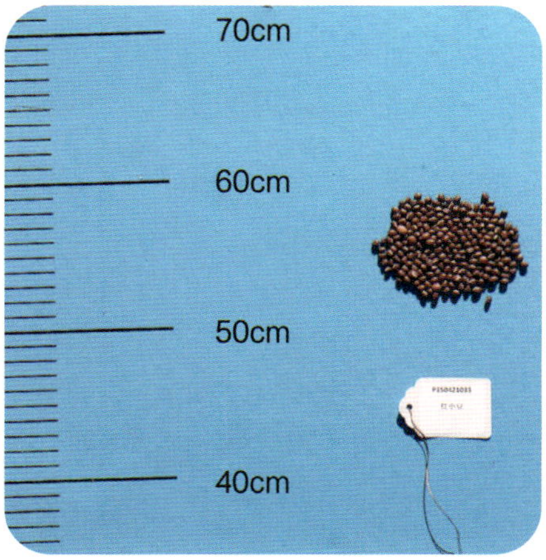

P150421055 菜豌豆

作物名称　豌豆

种质名称　菜豌豆

科　　名　豆科

属　　名　豌豆属

种　　名　豌豆

学　　名　*Phaseolus vulgaris* L.

采 集 地　内蒙古赤峰市阿鲁科尔沁旗新民乡东扫帚包村

主要特征特性　生长习性半蔓生，白花（浅紫花）。株高40~50cm，茎叶深绿色，白花，硬荚。分枝少，一般单株荚果5~8个。干豌豆为浅绿色，百粒重25g左右。鲜青豆百粒重52g左右，青豆出仁率47.8%。优质，抗病，耐寒，生育期66天左右。

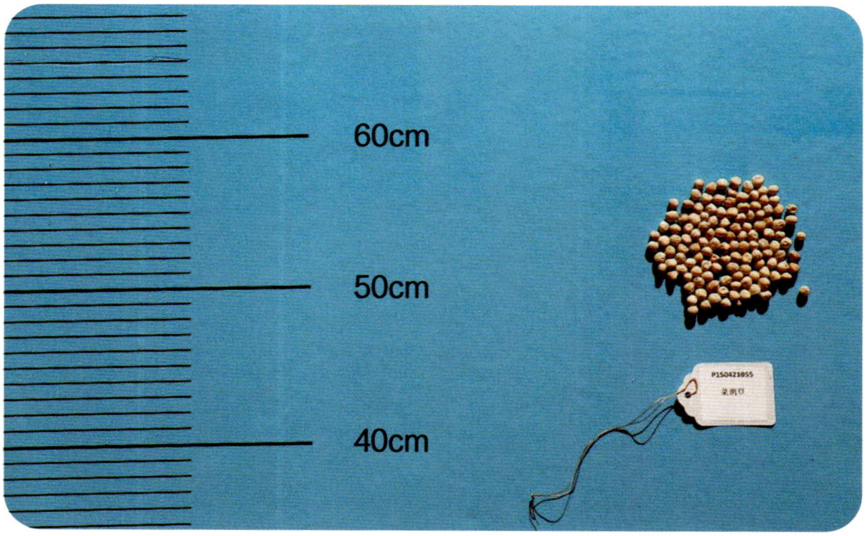

P150421056 树豌豆

作物名称　豌豆

种质名称　树豌豆

科　　名　豆科

属　　名　豌豆属

种　　名　豌豆

学　　名　*Phaseolus vulgaris* L.

采 集 地　内蒙古赤峰市阿鲁科尔沁旗新民乡东扫帚包村

主要特征特性　株高40~50cm，紫花（红花），半蔓生。茎叶深绿色，白花，硬荚。分枝少，一般单株荚果5~8个。干豌豆为浅绿色，百粒重25g左右。鲜青豆百粒重52g左右，青豆出仁率47.8%。优质，抗病，耐寒，生育期66天左右。

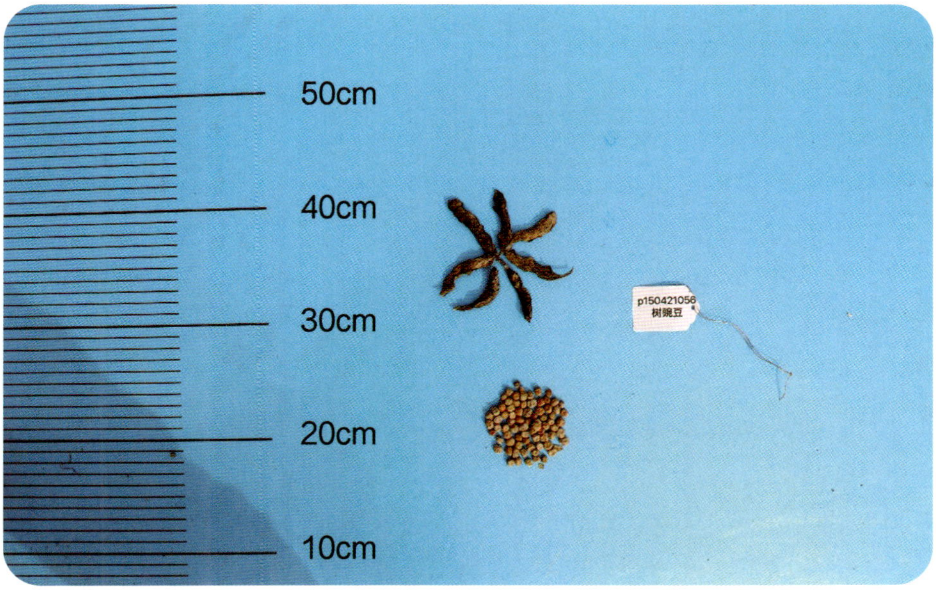

P150422020 红小豆

作物名称　红小豆

种质名称　红小豆

科　　名　豆科

属　　名　豇豆属

种　　名　小豆

学　　名　*Vigna unguiculata* (L.) Walp.

采 集 地　内蒙古赤峰市巴林左旗林东镇索布嘎村

主要特征特性　生长习性半蔓生，黄花，无限结荚习性。中熟品种，生育期98天，直立型。株高87cm，单株荚数32个，单荚粒数8~10粒，荚成熟深褐色。种子圆形，种皮红色，属中粒种，结荚集中，成熟期一致，不炸荚。抗旱，耐贫瘠，适应性广。

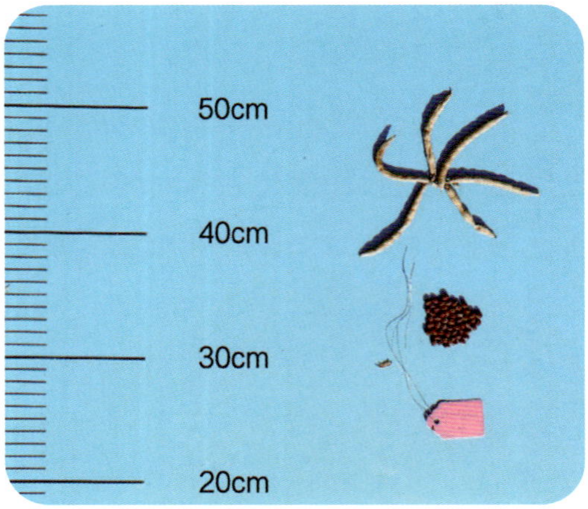

P150422026 奶花芸豆

作物名称　芸豆

种质名称　奶花芸豆

科　　名　豆科

属　　名　菜豆属

种　　名　菜豆

学　　名　*Phaseolus vulgaris* L.

采 集 地　内蒙古赤峰市巴林左旗林东镇福山地村

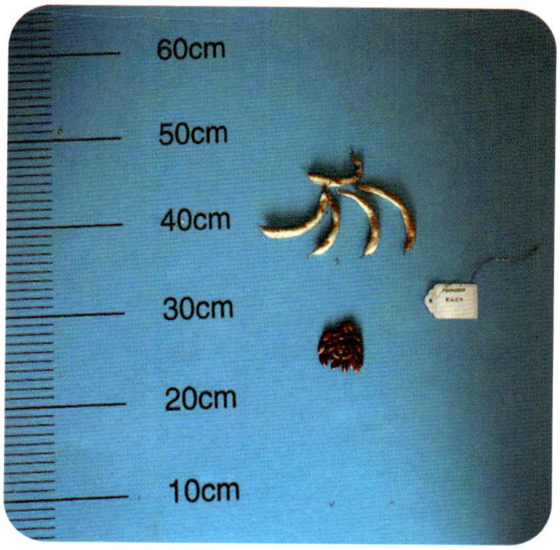

主要特征特性　早熟，生长习性直立型，茎蔓生，有限结荚习性，花浅紫色。株高56cm，单株荚数16个，单荚粒数7~9粒。成熟荚白色，弓形。籽粒紫底黄纹，浅凹肾形，白脐。籽粒粗脂肪含量1.29%，粗蛋白质含量23.78%，粗淀粉含量48.47%。高产、广适、抗病。

P150422027 红芸豆

作物名称　芸豆
种质名称　红芸豆
科　　名　豆科
属　　名　菜豆属
种　　名　菜豆
学　　名　*Phaseolus vulgaris* L.
采 集 地　内蒙古赤峰市巴林左旗林东镇福山地村

主要特征特性　茎蔓生，花浅紫色，无限结荚习性。中熟。株高1.8m，单株荚数19个，单荚粒数7~9粒。成熟荚白色，弓形。籽粒红色，扁浅凹肾形，白脐。籽粒粗脂肪含量2.04%，粗蛋白质含量23.35%，粗淀粉含量47.49%。高产，广适，抗病。

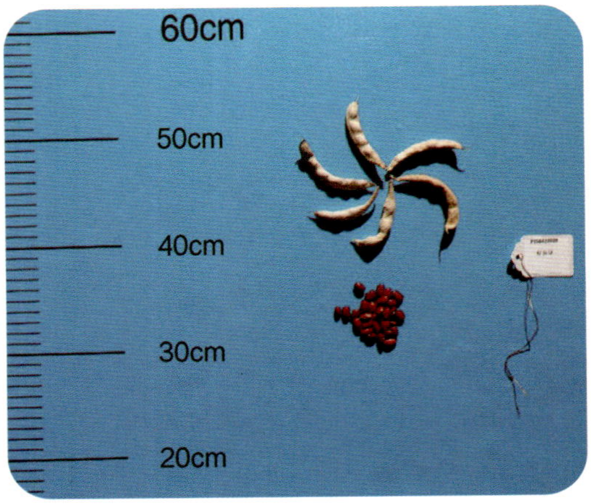

P150422028 豇豆

作物名称　豇豆

种质名称　豇豆

科　　名　豆科

属　　名　豇豆属

种　　名　豇豆

学　　名　*Vigna unguiculata*（L.）Walp.

采 集 地　内蒙古赤峰市巴林左旗隆昌镇全发村

主要特征特性　生长习性半蔓生，无限结荚习性。第一花序生于主蔓第2~3节，花梗20~25cm，先端着生2~3对花，花色淡紫。平均每株花序20.2个，每个花序着生荚果2~4个，单株荚果数43个。籽粒肉红色带花纹，白脐，浅凹肾形。广适，高产，抗倒，抗病，抗旱。

P150423005 看花豆

作物名称　芸豆

种质名称　看花豆

科　　名　豆科

属　　名　菜豆属

种　　名　菜豆

学　　名　*Phaseolus vulgaris* L.

采 集 地　内蒙古赤峰市巴林右旗巴彦琥硕镇山头村

主要特征特性　生长习性蔓生，红花，无限结荚习性。株高2.1m，长势强，叶片肥大，呈深绿色。第一雌花着生在3~4节，每花序着花3~6朵，结荚3~6个。单株荚数46~53个，嫩荚弓形，长 0~13cm，横径约1.1cm，单荚粒数3~4粒，单荚重约34g。籽粒椭圆，大粒，种皮黑色带紫色花纹，品质鲜嫩，商品性好。中熟，从播种至采收嫩荚84天左右。高产，抗病，适应性广。从8月下旬开始采摘至下霜结束。一般用来做豆馅儿。

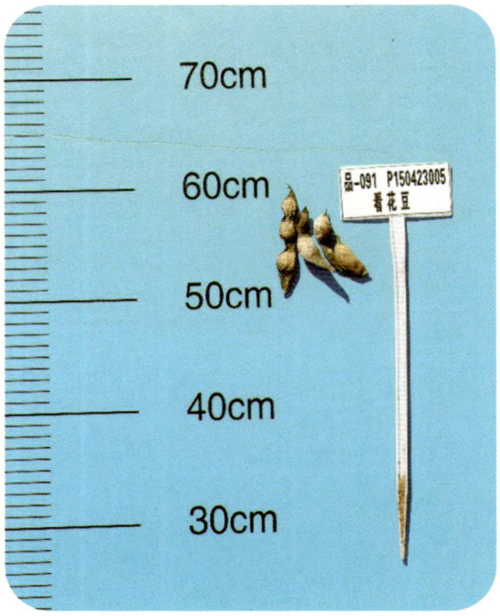

P150423019 紫沙豆

作物名称　芸豆

种质名称　紫沙豆

科　　名　豆科

属　　名　菜豆属

种　　名　菜豆

学　　名　*Phaseolus vulgaris* L.

采 集 地　内蒙古赤峰市巴林右旗索博日嘎镇阿山艾力嘎查

主要特征特性　生长习性蔓生，浅紫色花，无限结荚习性。优质，抗病，抗虫，耐涝。

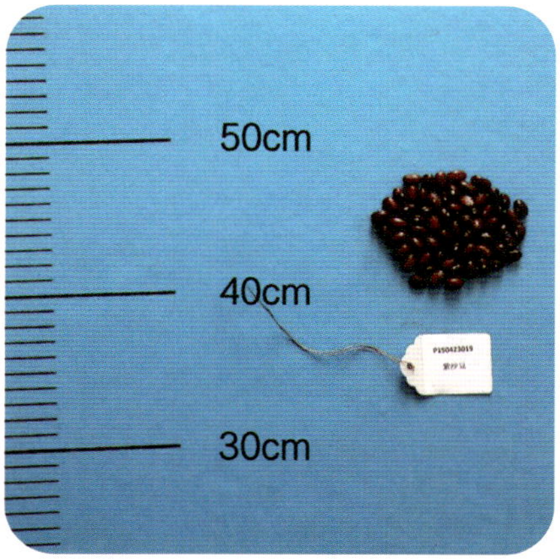

P150423020 奶花园

作物名称　芸豆

种质名称　奶花园

科　　名　豆科

属　　名　菜豆属

种　　名　菜豆

学　　名　*Phaseolus vulgaris* Linn

采 集 地　内蒙古赤峰市巴林右旗索博日嘎镇阿山艾力嘎查

主要特征特性　生长习性蔓生，浅紫色花，无限结荚习性。株高1.95m，长势强，叶片肥大，呈绿色。第一雌花着生在3~4节，每花序着花3~6朵，结荚3~6个。单株荚数32~35粒，嫩荚弓形，长 0~13cm，横径约0.9cm，单荚粒数3~4个，单荚重约24g。籽粒扁浅凹肾形，白脐，种皮奶白色带紫色花纹，品质鲜嫩，商品性好。中熟，从播种至采收嫩荚85天左右。高产，抗病，适应性广。

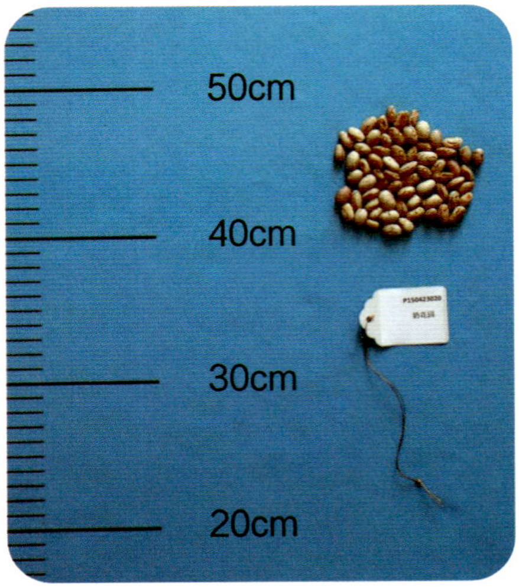

P150424001 豌豆

作物名称　豌豆

种质名称　豌豆

科　　名　豆科

属　　名　豌豆属

种　　名　豌豆

学　　名　*Pisum sativum* L.

采 集 地　内蒙古赤峰市林西县新林镇

主要特征特性　生长习性半蔓生，白紫色花，无限结荚习性。耐寒、耐贫瘠，株高1.1m。茎叶深绿色，全株绿色，光滑无毛，被粉霜。叶具小叶4~6片，托叶比小叶大，叶状，心形，下缘具细牙齿。小叶卵圆形，长2~5cm，宽1~2.5cm；花于叶腋单生或数朵排列为总状花序；花萼钟状，深5裂，裂片披针形。硬荚。分枝少，一般单株荚果5~8个。干豌豆为浅绿色，百粒重25g左右。鲜青豆百粒重52g左右，青豆出仁率47.8%。生育期66天左右。

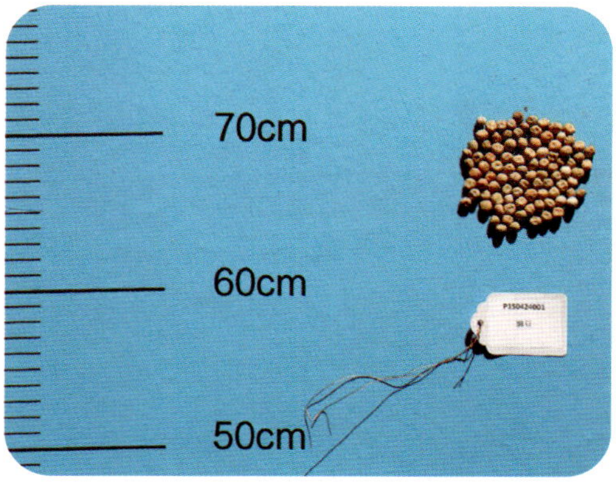

P150424004 老母猪翻白眼

作物名称　芸豆

种质名称　老母猪翻白眼

科　　名　豆科

属　　名　菜豆属

种　　名　菜豆

学　　名　*Phaseolus vulgaris* L.

采 集 地　内蒙古赤峰市林西县大井镇

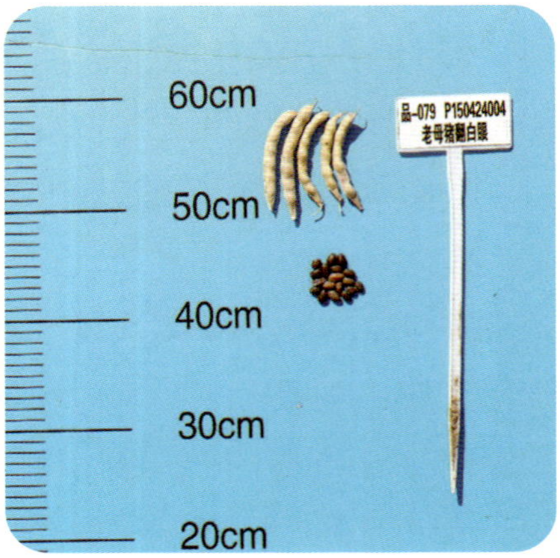

主要特征特性　生长习性蔓生，花紫色，无限结荚习性。株高2.2m，长势强，叶片肥大，呈绿色。第一雌花着生在3~4节，每花序着花3~6朵，结荚3~6个。单株荚数32~35个，嫩荚弓形，长11cm，横径约0.9cm，单荚粒数7粒，单荚重约21g。籽粒扁浅凹肾形，白脐，种皮深褐色，品质鲜嫩，商品性好。中熟，从播种至采收嫩荚85天左右。高产，抗病，适应性广。

P150424006 看花豆

作物名称　芸豆

种质名称　看花豆

科　　名　豆科

属　　名　菜豆属

种　　名　菜豆

学　　名　*Phaseolus vulgaris* L.

采 集 地　内蒙古自治区赤峰市林西县新城子镇

主要特征特性　生长习性蔓生，红花，无限结荚习性。株高1.95m，长势强，叶片肥大，呈深绿色。第一雌花着生在3~4节，每花序着花3~6朵，结荚3~6个。单株荚数32~35个，嫩荚弓形，长9cm，横径约1.3cm，单荚粒数5粒，单荚重约32g。籽粒扁浅凹肾形，白脐，种皮黑紫色花，品质鲜嫩，商品性好。中熟，从播种至采收嫩荚85天左右。高产，抗病，适应性广。

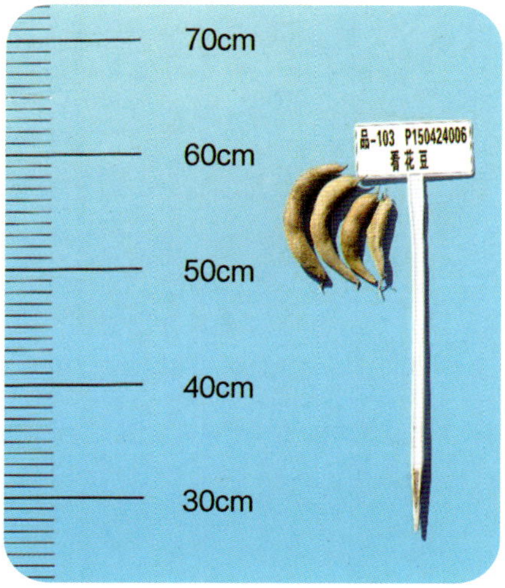

P150424007 焖饭黑豆

作物名称　芸豆

种质名称　焖饭黑豆

科　　名　豆科

属　　名　菜豆属

种　　名　菜豆

学　　名　*Glycinemax*（Linn.）Merr

采 集 地　内蒙古自治区赤峰市林西县官地镇

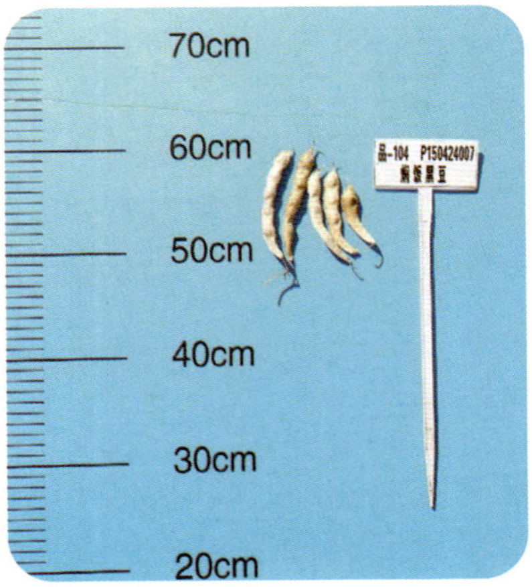

主要特征特性　生长习性半蔓生，花紫色，无限结荚习性。株高75cm，长势强，叶片肥大，呈绿色。单株荚数28~32个，嫩荚弓形，长9cm，横径约0.7cm，单荚粒数6粒，单荚重约19g。籽粒扁浅凹肾形，小粒，白脐，种皮黑色，品质鲜嫩，商品性好。中熟，从播种至采收嫩荚85天左右。高产，抗病，适应性广。

P150424008 黄芸豆

作物名称　芸豆

种质名称　黄芸豆

科　　名　豆科

属　　名　菜豆属

种　　名　菜豆

学　　名　*Phaseolus vulgaris* L.

采 集 地　内蒙古自治区赤峰市林西县官地镇

主要特征特性　生长习性直立，白花，有限结荚习性。株高67cm，长势强，叶片肥大，呈绿色。单株荚数33个，嫩荚镰刀形，长9cm，横径约0.7cm，单荚粒数5粒，单荚重约19g。籽粒扁浅凹肾形，中粒，白脐，种皮嫩黄色，明亮又光泽，品质鲜嫩，商品性好。中熟，从播种至采收嫩荚83天左右。高产，抗病，适应性广。

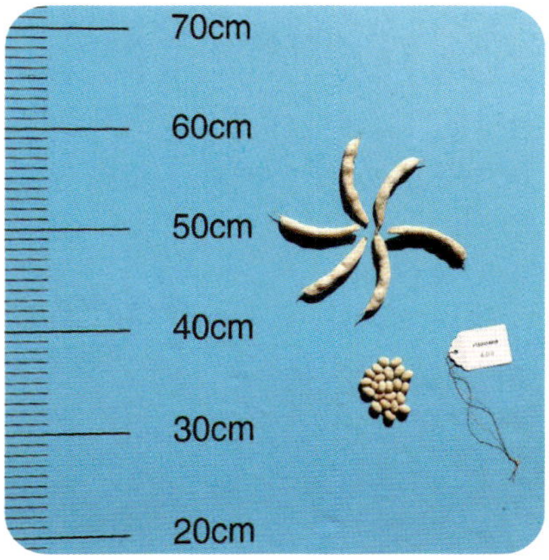

P150424010 花豇豆

作物名称　豇豆

种质名称　花豇豆

科　　名　豆科

属　　名　菜豆属

种　　名　菜豆

学　　名　*Vigna unguiculata* (Linn.) Walp

采 集 地　内蒙古自治区赤峰市林西县大营子乡

主要特征特性　生长习性蔓生，无限结荚习性。株高110cm，叶片肥大，呈绿色。单株荚数28个，嫩荚镰刀形，长9cm，横径约0.7cm，单荚粒数7粒，单荚重约24g。籽粒扁浅凹肾形，中粒，白脐，种皮红色带白色斑纹，品质鲜嫩，商品性好。中熟，从播种至采收嫩荚82天左右。高产，抗病，适应性广。

P150424012 红小豆

作物名称　红小豆

种质名称　红小豆

科　　名　豆科

属　　名　豇豆属

种　　名　小豆

学　　名　*Vigna unguiculata*（Linn.）Walp

采 集 地　内蒙古自治区赤峰市林西县大营子乡

主要特征特性　生长习性半蔓生，黄花，无限结荚习性。生育期90~95天，中等肥力地块生产田产量为2250kg/hm^2，中粒优质。百粒重14g左右；成熟荚色为褐色，籽粒色为鲜红色，有艳丽的光泽，抗锈病，耐白粉病。

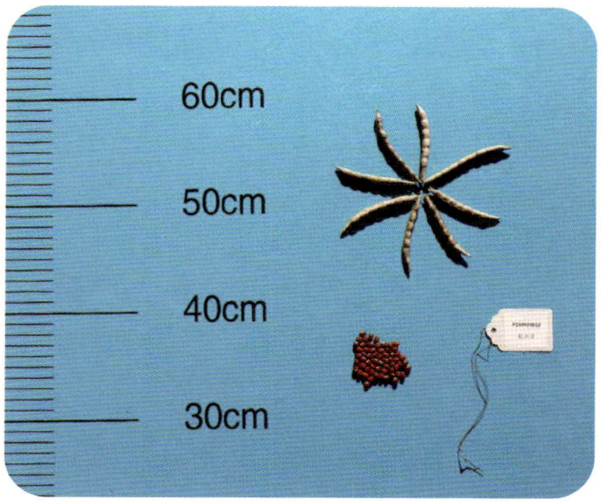

P150424014 紫沙豆

作物名称　芸豆

种质名称　紫沙豆

科　　名　豆科

属　　名　菜豆属

种　　名　菜豆

学　　名　*Phaseolus vulgaris* L.

采 集 地　内蒙古自治区赤峰市林西县大营子乡

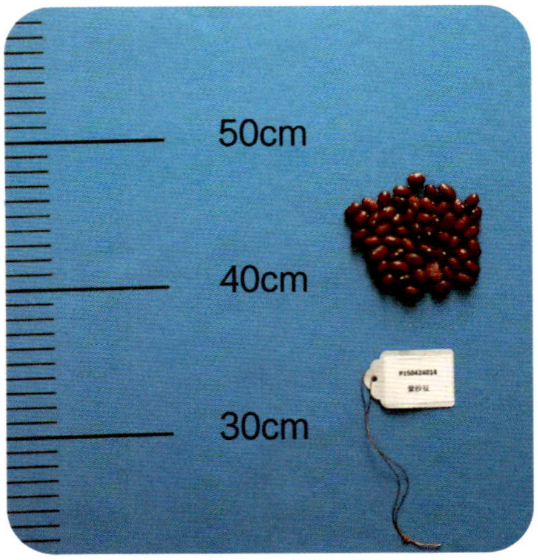

主要特征特性　生长习性蔓生，花浅紫色，无限结荚习性。株高1.15m，叶片肥大，呈深绿色。第一雌花着生在第2节，每花序着花3~6朵，结荚3~6个。单株荚数32~35个，嫩荚弓形，长9cm，横径约1.3cm，单荚粒数5粒，单荚重约32g。籽粒扁浅凹肾形，白脐，种皮红色带花纹，品质鲜嫩，商品性好。中熟，从播种至采收嫩荚84天左右。高产，抗病，适应性广。

P150424018 红芸豆

作物名称　芸豆

种质名称　红芸豆

科　　名　豆科

属　　名　菜豆属

种　　名　菜豆

学　　名　*Phaseolus vulgaris* L.

采 集 地　内蒙古自治区赤峰市林西县十二吐乡

主要特征特性　生长习性蔓生，白花，无限结荚习性。株高1.95m，叶片肥大，呈深绿色。第一雌花着生在第2节，每花序着花3~6朵，结荚3~6个。单株荚数32~35粒，嫩荚弓形，长9cm，横径约1.3cm，单荚粒数4个，单荚重约29g。籽粒扁浅凹肾形，白脐，种皮红色，明亮有光泽，品质鲜嫩，商品性好。中熟，从播种至采收嫩荚84天左右。高产，抗病，适应性广。

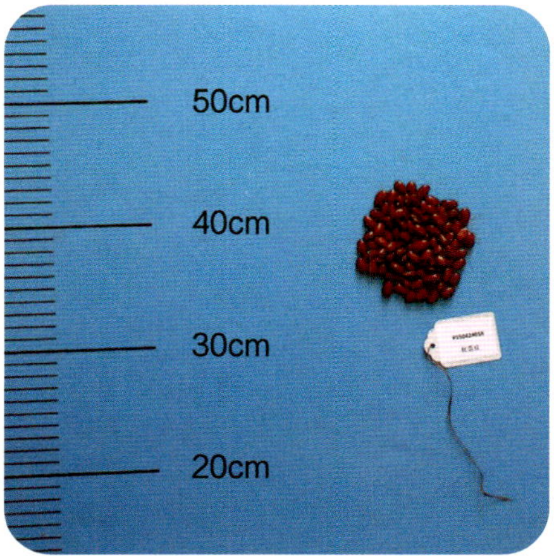

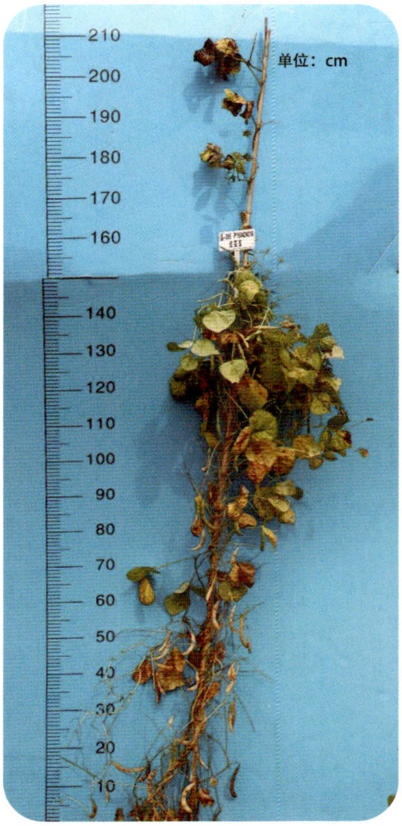

P150424019 关东红

作物名称　芸豆

种质名称　关东红

科　　名　豆科

属　　名　菜豆属

种　　名　菜豆

学　　名　*Phaseolus vulgaris* L.

采 集 地　内蒙古自治区赤峰市林西县五十家子镇

主要特征特性　生长习性蔓生，白花，无限结荚习性。株高1.5m，叶片肥大，呈深绿色。第一雌花着生在第4节，每花序着花3~6朵，结荚3~6个。单株荚数32~35粒，嫩荚弓形，长9cm，横径约1.1cm，单荚粒数4个，单荚重约30g。籽粒扁浅凹肾形，白脐，种皮暗红色，品质鲜嫩，商品性好。中熟，从播种至采收嫩荚85天左右。高产，抗病，适应性广。

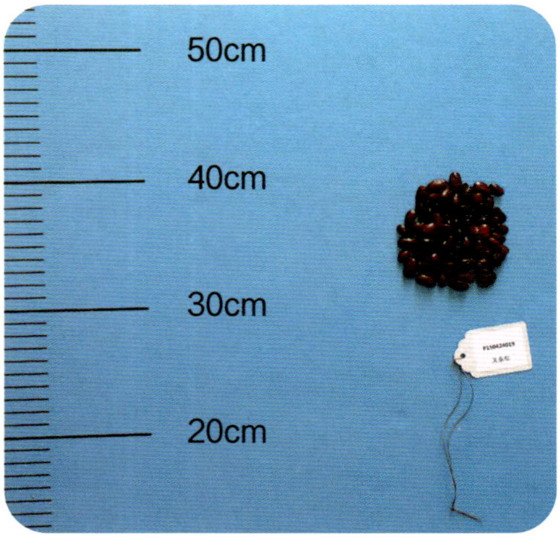

P150424022 老来少

作物名称　芸豆

种质名称　老来少

科　　名　豆科

属　　名　菜豆属

种　　名　菜豆

学　　名　*Phaseolus vulgaris* L.

采 集 地　内蒙古自治区赤峰市林西县五十家子镇

主要特征特性　生长习性蔓生，花紫色，无限结荚习性。株高1.5m，叶片肥大，呈绿色。第一雌花着生在第4节，每花序着花3~6朵，结荚3~6个。单株荚数32~35个，嫩荚弓形，长11cm，横径约0.8cm，单荚粒数5粒，单荚重约19g。籽粒扁浅凹肾形，白脐，种皮奶白色带花纹，品质鲜嫩，商品性好。中熟，从播种至采收嫩荚84天左右。高产，抗病，适应性广。

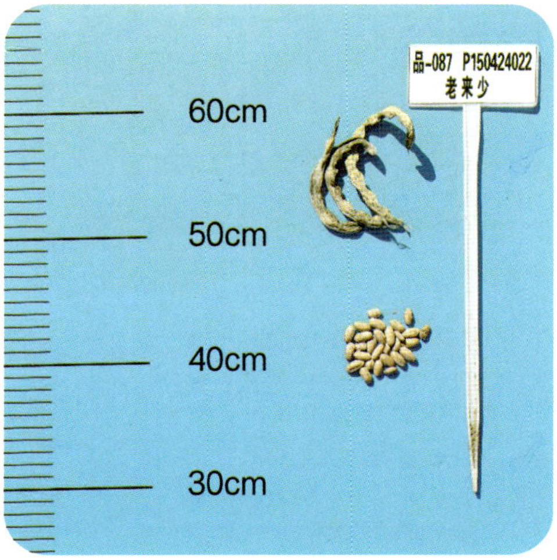

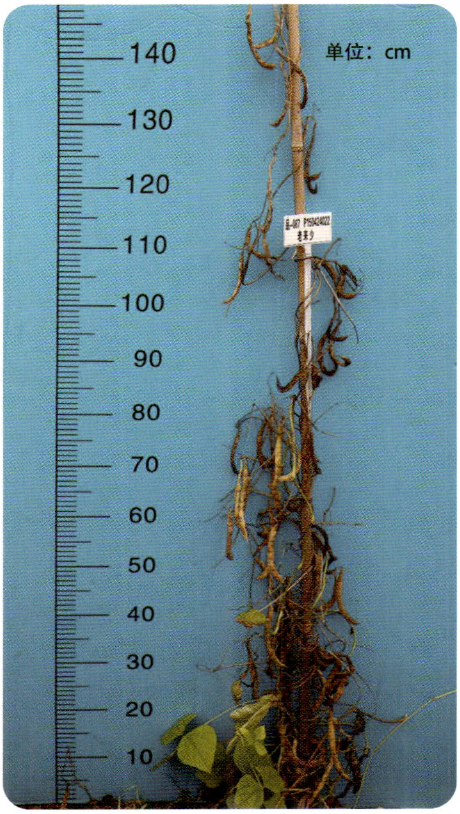

P150425027 兔子翻白眼

作物名称　菜豆

种质名称　兔子翻白眼

科　　名　豆科

属　　名　菜豆属

种　　名　菜豆

学　　名　*Phaseolus vulgaris* L.

采 集 地　内蒙古赤峰市克什克腾旗芝瑞镇广兴源村

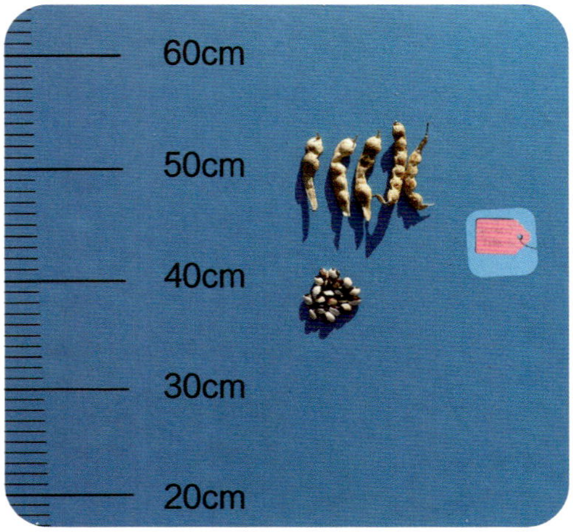

主要特征特性　生长习性蔓生，花浅紫色，无限结荚习性。卵圆形叶。生育期90天，需活动积温2000~2200℃，种皮白色紫黑色边，扁椭圆形，白脐，百粒重32g，主茎距根部4~5cm处开始分枝，分枝4~6个。株高35~45cm，单株荚数38个，单荚粒数6粒，亩产75kg左右。

P150425028 大黑花芸豆

作物名称　菜豆

种质名称　大黑花芸豆

科　　名　豆科

属　　名　菜豆属

种　　名　菜豆

学　　名　*Phaseolus vulgaris* L.

采 集 地　内蒙古赤峰市克什克腾旗芝瑞镇广兴源村

主要特征特性　是一种高产菜豆，长势强，卵圆形叶。生育期90天，需活动积温2000~2200℃，种皮黑色带斑纹，籽粒浅凹肾形，大粒，白脐，百粒重34g，主茎距根部4~5cm处开始分枝，分枝4~6个。株高35~45cm，单株荚数38个，单荚粒数6粒，亩产75kg左右。

P150426003 竖豆籽

作物名称　蚕豆

种质名称　竖豆籽

科　　名　豆科

属　　名　野豌豆属

种　　名　蚕豆

学　　名　*Vicia faba* L.

采 集 地　内蒙古赤峰市翁牛特旗乌敦套海镇十分地村

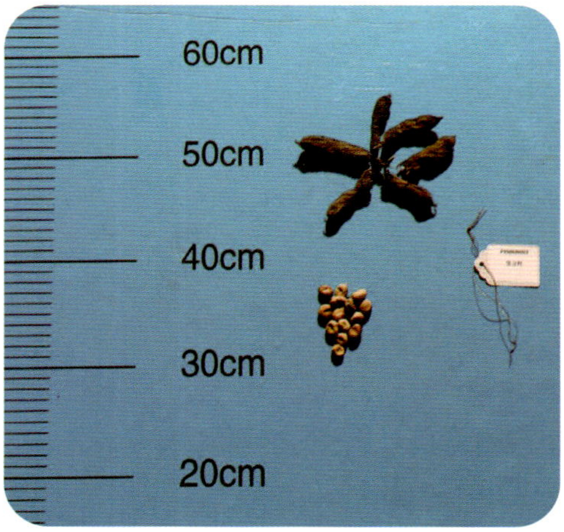

主要特征特性　生长习性直立，花白色，有限结荚习性。株高70cm，茎秆四棱中空，主茎具有18~20节，基部二叶型复叶3~4片，中部复叶具5~7片小叶，往上则小叶数渐减，小叶卵圆形。腋生花序，每个花序具2~7朵小花，花白色。单株有效分枝6~8枝，单株平均结荚12个，鲜荚平均重30.7g。豆荚圆柱形，长20~27cm，每荚含种子4~6粒。1粒荚占4.5%，2粒荚占19.5%，3粒荚占30%，4粒荚占43.3%，5粒荚占2.7%。籽粒中厚，鲜粒长×宽为2.8cm×1.8cm，种皮淡绿色，种脐黑色，百粒重达300g以上。高产，广适，优质。

P150426004 芸豆

作物名称　芸豆

种质名称　芸豆

科　　名　豆科

属　　名　菜豆属

种　　名　菜豆

学　　名　*Phaseolus vulgaris* L.

采 集 地　内蒙古赤峰市翁牛特旗乌敦套海镇梅林地村

主要特征特性　生长习性蔓生，白花，无限结荚习性。株高1.65m，长势强，叶片肥大，呈绿色。第一雌花着生在3~4节，每花序着花3~6朵，结荚3~6个。单株荚数32~35个，嫩荚弓形，长 0~13cm，横径约0.9cm，单荚粒数3~4个，单荚重约24g。籽粒扁，浅凹肾形，白脐，种皮奶白色带褐色花纹，品质鲜嫩，商品性好。中熟，从播种至采收嫩荚85天左右。高产，抗病，适应性广。

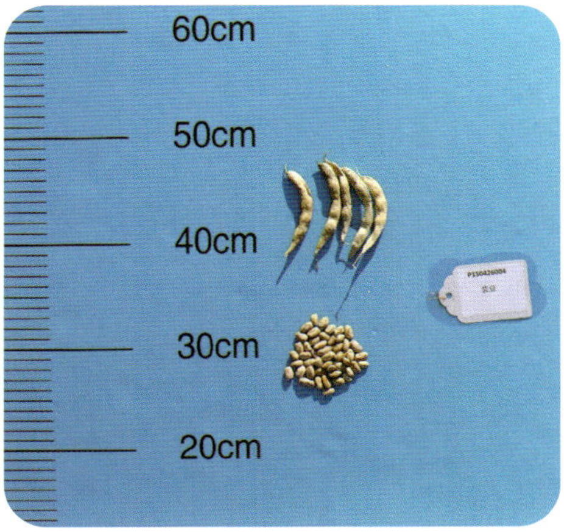

P150426009 桃豆

作物名称　鹰嘴豆
种质名称　桃豆
科　　名　豆科
属　　名　鹰嘴豆属
种　　名　鹰嘴豆
学　　名　*Cicer arietinum* L.
采 集 地　内蒙古赤峰市翁牛特旗桥头镇东洼村牛家沟组
主要特征特性　生长习性半蔓生，花紫色，无限结荚习性。

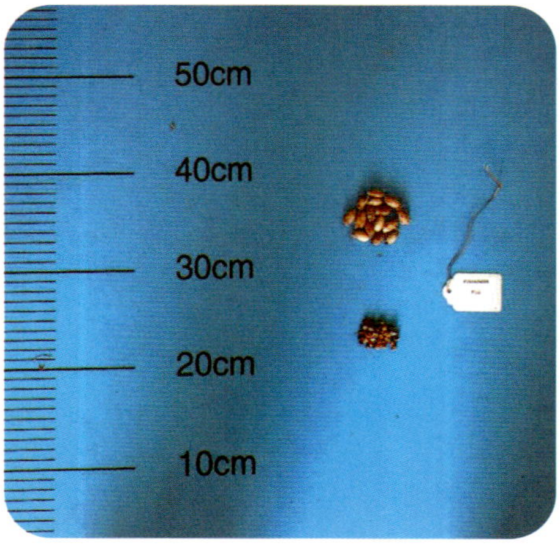

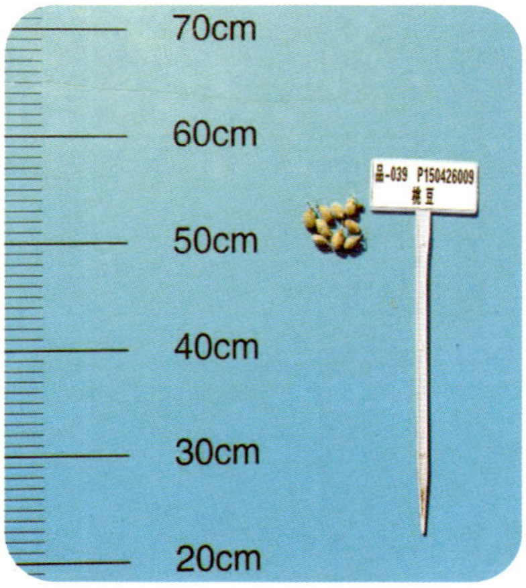

P150426015 老老少

作物名称　芸豆

种质名称　老老少

科　　名　豆科

属　　名　菜豆属

种　　名　菜豆

学　　名　*Phaseolus vulgaris* L.

采 集 地　内蒙古赤峰市翁牛特旗广德公镇六合庄村

主要特征特性　生长习性蔓生，花紫色，无限结荚习性。株高1.98m，长势强，叶片肥大，呈绿色。第一雌花着生在3~4节，每花序着花3~6朵，结荚3~6个。单株荚数32~35个，嫩荚弓形，长9cm，横径约1.2cm，单荚粒数7粒，单荚重约28g。籽粒扁浅凹肾形，白脐，种皮奶白色带黑色环纹，品质鲜嫩，商品性好。中熟，从播种至采收嫩荚82天左右。高产，抗病，适应性广。

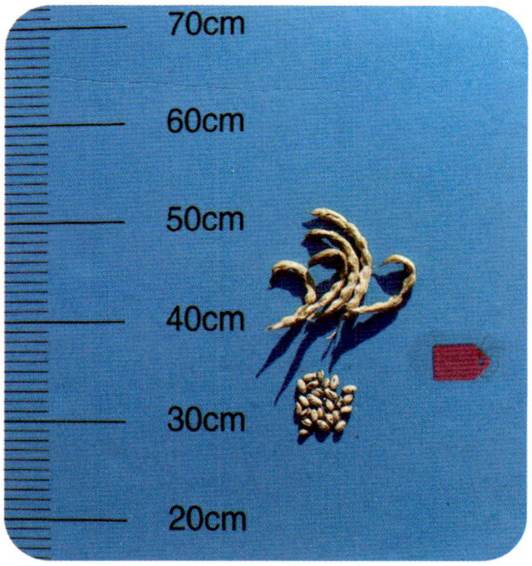

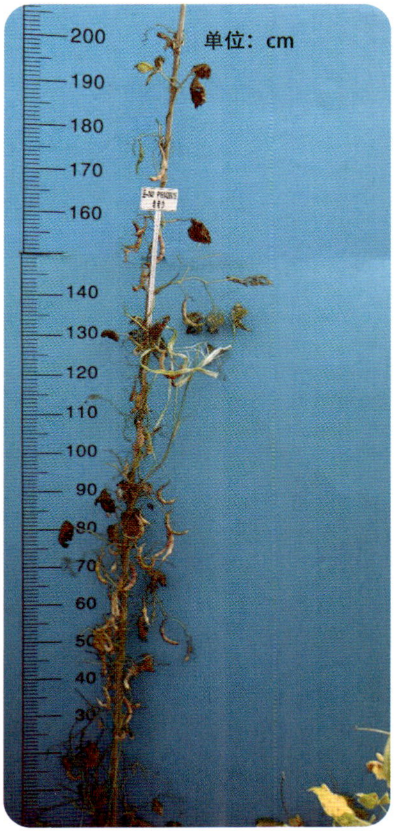

P150426016 红小豆（大地村）

作物名称　红小豆

种质名称　红小豆（大地村）

科　　名　豆科

属　　名　豇豆属

种　　名　小豆

学　　名　*Vigna unguiculata*（Linn.）Walp

采 集 地　内蒙古赤峰市翁牛特旗广德公镇六合庄村

主要特征特性　生长习性半蔓生，花黄色，无限结荚习性。生育期90~95天，中等肥力地块生产田产量为2200kg/hm^2，大粒优质。百粒重14g左右，属大粒型品种。成熟荚色为褐色，籽粒色为鲜红色，有艳丽的光泽，抗锈病，耐白粉病。

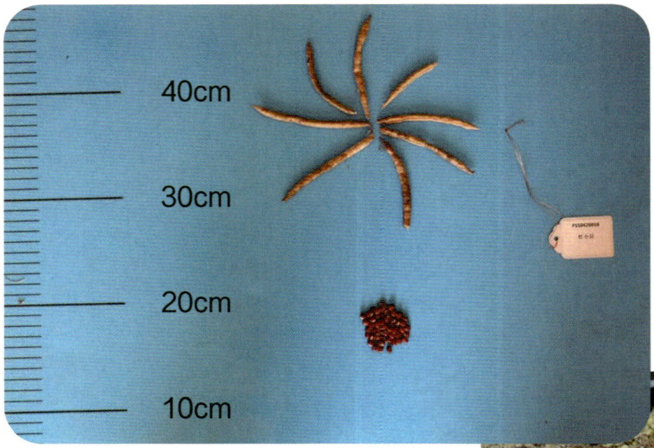

P150426022 奶花芸豆

作物名称　芸豆

种质名称　奶花芸豆

科　　名　豆科

属　　名　菜豆属

种　　名　菜豆

学　　名　*Phaseolus vulgaris* L.

采 集 地　内蒙古赤峰市翁牛特旗广德公镇黄谷屯村

主要特征特性　生长习性蔓生，花紫色，无限结荚习性。株高1.78m，长势强，叶片肥大，呈绿色。第一雌花着生在2~3节，每花序着花2~5朵，结荚7个。单株荚数32~35个，嫩荚弓形，长9cm，横径约1.2cm，单荚粒数5粒，单荚重约29g。籽粒扁浅凹肾形，白脐，种皮奶白色带黑色环纹，品质鲜嫩，商品性好。中熟，从播种至采收嫩荚82天左右。高产，抗病，适应性广。

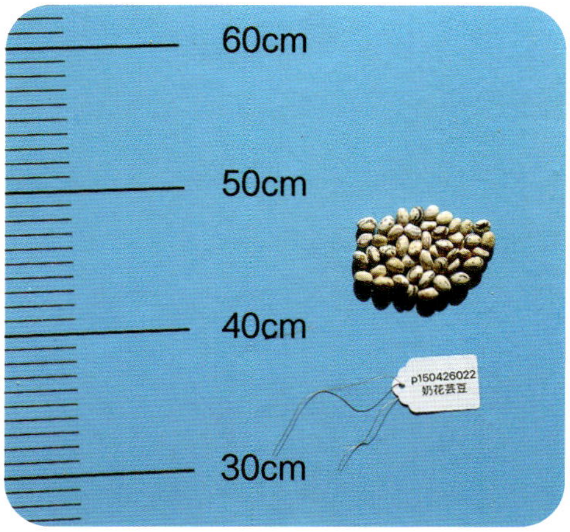

P150426033 豇豆

作物名称 豇豆

种质名称 豇豆

科　　名 豆科

属　　名 豇豆属

种　　名 豇豆

学　　名 *Vigna unguiculata* (Linn.) Walp

采 集 地 内蒙古赤峰市翁牛特旗乌丹镇东窝铺村

主要特征特性 生长习性半蔓生，紫花，无限结荚习性。第一花序生于主蔓第2~3节，花梗20~25cm，先端着生2~3对花，花色淡紫，平均每株花序20.2个，每个花序着生荚果2~4个，单株荚果数43个。籽粒肉红色带花纹，白脐，浅凹肾形。高产，抗倒。

P150426038 豌豆

作物名称　豌豆

种质名称　豌豆

科　　名　豆科

属　　名　豌豆属

种　　名　豌豆

学　　名　*Pisum sativum* L.

采 集 地　内蒙古赤峰市翁牛特旗乌丹镇东窝铺村

主要特征特性　生长习性半蔓生，白花，无限结荚习性。株高52cm。茎叶深绿色，白花，硬荚。分枝少，一般单株荚果5~8个。干豌豆为浅绿色，百粒重25g左右。鲜青豆百粒重52g左右，青豆出仁率47.8%。生育期66天左右。

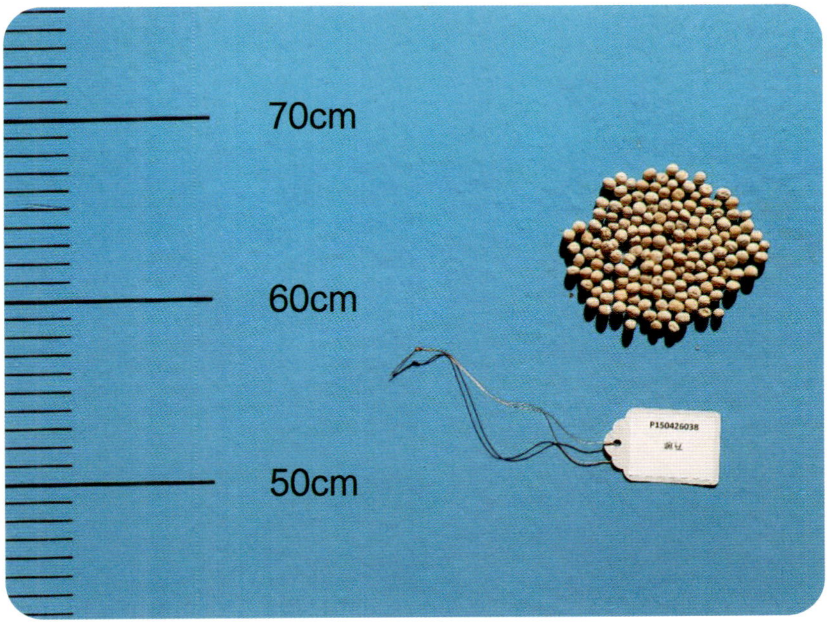

P150426045 面豆

作物名称　芸豆
种质名称　面豆
科　　名　豆科
属　　名　菜豆属
种　　名　菜豆
学　　名　*Phaseolus vulgaris* L.
采 集 地　内蒙古赤峰市翁牛特旗桥头镇敖包村

主要特征特性　生长习性蔓生，花紫色，无限结荚习性。株高1.58m，长势强，叶片肥大，呈绿色。第一雌花着生在3节，每花序着花2~5朵，结荚4个。单株荚数34个，嫩荚弓形，长8.2cm，横径约1.2cm，单荚粒数4个，单荚重约29g。籽粒扁浅凹肾形，白脐，种皮奶白色带黑色斑纹，品质鲜嫩，商品性好。中熟，从播种至采收嫩荚85天左右。高产，抗病，适应性广。

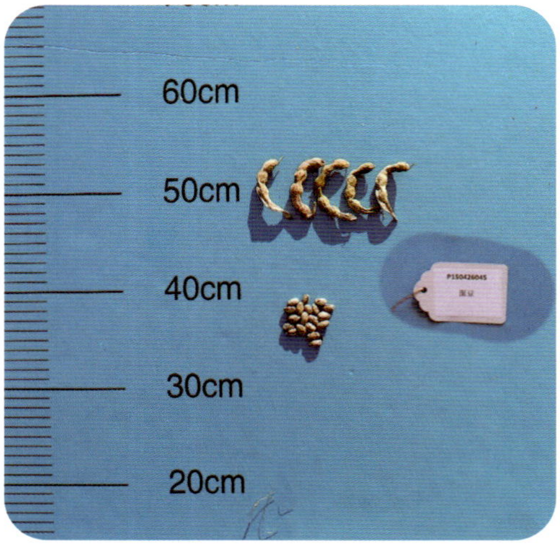

P150426046 麻籽豆

作物名称 芸豆

种质名称 麻籽豆

科　　名 豆科

属　　名 菜豆属

种　　名 菜豆

学　　名 *Phaseolus vulgaris* L.

采 集 地 内蒙古赤峰市翁牛特旗桥头镇敖包村

主要特征特性 生长习性蔓生，花紫色，无限结荚习性。长势强，叶片肥大，呈深绿色。第一雌花着生在3~4节，每花序着花4~8朵，结荚3~6个。嫩荚圆棍形，长0~33cm，横径约1.3cm，单荚重约30g。籽粒棕褐色带斑纹，无纤维，荚肉厚，品质鲜嫩，商品性好。中熟，从播种至采收嫩荚77天左右。高产，抗病，适应性广。

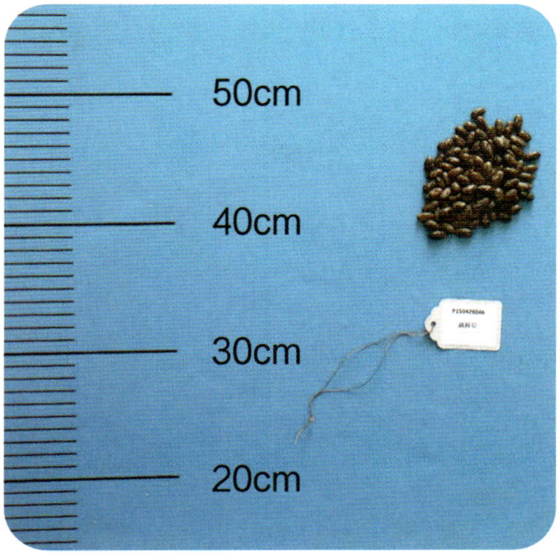

P150426047 老母猪翻白眼

作物名称　芸豆

种质名称　老母猪翻白眼

科　　名　豆科

属　　名　菜豆属

种　　名　菜豆

学　　名　*Phaseolus vulgaris* L.

采 集 地　内蒙古赤峰市翁牛特旗桥头镇敖包村

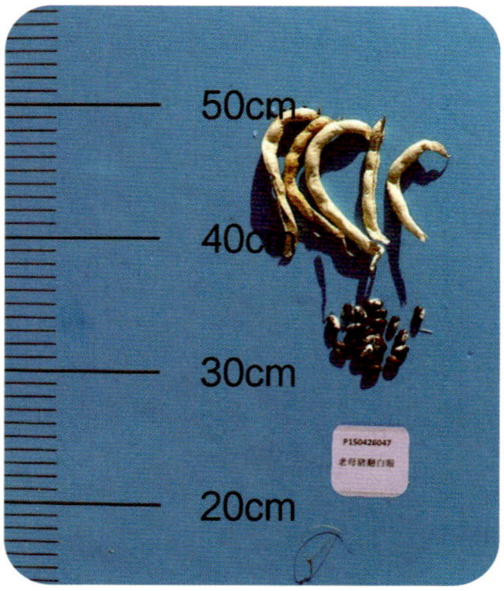

主要特征特性　生长习性蔓生，花紫色，无限结荚习性。长势强，叶片呈绿色。第一雌花着生在3~4节，每花序着花4~8朵，结荚3~6个。嫩荚弓形，长11cm，横径约0.8cm，单荚重约22g。籽粒半白半紫，无纤维，荚肉厚，品质鲜嫩，商品性好。中熟，从播种至采收嫩荚81天左右。高产，抗病，适应性广。

P150426048 小粒绿豆

作物名称　绿豆

种质名称　小粒绿豆

科　　名　豆科

属　　名　豇豆属

种　　名　绿豆

学　　名　*Vigna radiata*（Linn.）Wilczek

采 集 地　内蒙古赤峰市翁牛特旗桥头镇敖包村

主要特征特性　生长习性半蔓生，无限结荚习性。卵圆形叶片，株高62cm，单株荚数29~34个，豆荚呈扁圆形，荚长13.2cm，单荚粒数10~13粒，籽粒明亮碧绿有光泽。成熟荚黑色，结荚集中，成熟一致不炸荚。抗倒，抗病性强。

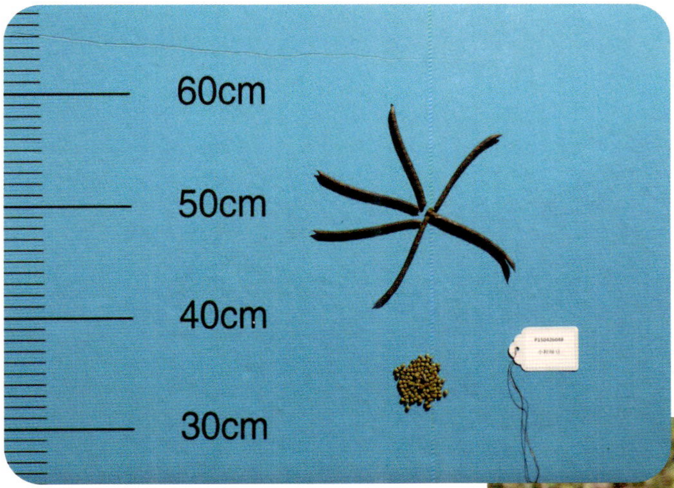

P150428014 呢了蛋

作物名称 芸豆

种质名称 呢了蛋

科　　名 豆科

属　　名 菜豆属

种　　名 菜豆

学　　名 *Phaseolus vulgaris* L.

采 集 地 内蒙古赤峰市喀喇沁旗牛营子镇野猪沟村

主要特征特性 生长习性蔓生，花紫色，无限结荚习性。长势强，叶片呈绿色。第一雌花着生在3~4节，每花序着花4~8朵，结荚3~6个。嫩荚长棍形，长11cm，横径约0.8cm，单荚重约22g。籽粒半白半紫，无纤维，荚肉厚，品质鲜嫩，商品性好。中熟，从播种至采收嫩荚81天左右。高产，抗病，适应性广。

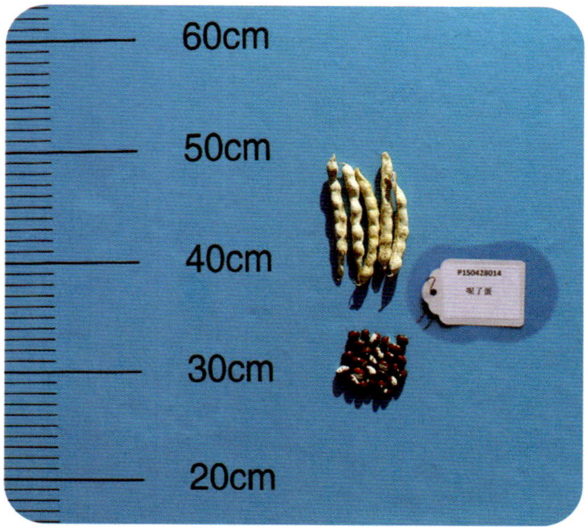

P150428015 花豇豆

作物名称　豇豆

种质名称　花豇豆

科　　名　豆科

属　　名　豇豆属

种　　名　豇豆

学　　名　*Vigna unguiculata* (Linn.) Walp

采 集 地　内蒙古赤峰市喀喇沁旗牛营子镇野猪沟村

主要特征特性　生长习性蔓生，浅紫花，无限结荚习性。生育期90~95天，中等肥力地块生产田产量为2150kg/hm^2，大粒优质。百粒重15g左右，属大粒型品种；成熟荚色为褐色，籽粒色为鲜红色，有艳丽的光泽，抗锈病，耐白粉病。

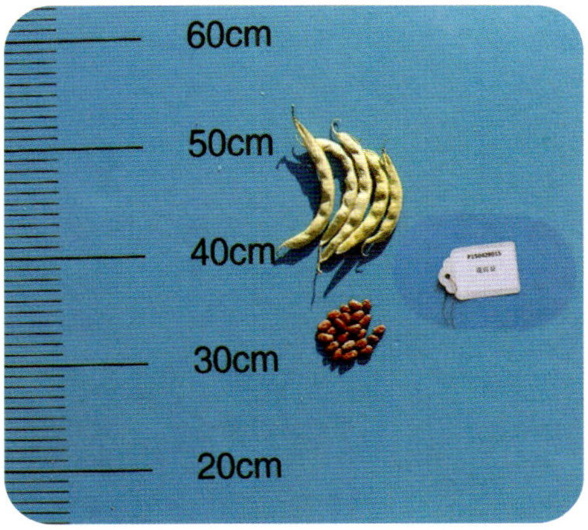

P150428017 红小豆

作物名称　红小豆

种质名称　红小豆

科　　名　豆科

属　　名　豇豆属

种　　名　小豆

学　　名　*Vigna unguiculata*（Linn.）Walp

采 集 地　内蒙古赤峰市喀喇沁旗牛营子镇野猪沟村

主要特征特性　生长习性半蔓生，黄花，亚限结荚习性。生育期90~95天，中等肥力地块生产田产量为2150kg/hm^2，大粒优质。百粒重15g左右，属大粒型品种；成熟荚色为褐色，籽粒色为鲜红色，有艳丽的光泽，抗锈病，耐白粉病。

P150428018 豇豆

作物名称　豇豆

种质名称　豇豆

科　　名　豆科

属　　名　豇豆属

种　　名　豇豆

学　　名　*Vigna unguiculata*（Linn.）Walp

采 集 地　内蒙古赤峰市喀喇沁旗牛营子镇野猪沟村

主要特征特性　生长习性半蔓生，无限结荚习性。第一花序生于主蔓第2~3节，花梗20~25cm，先端着生2~3对花，花色淡紫，平均每株花序20.2个，每个花序着生荚果2~4个，单株荚果数43个。籽粒肉红色带花纹，白脐，浅凹肾形。高产，抗倒。

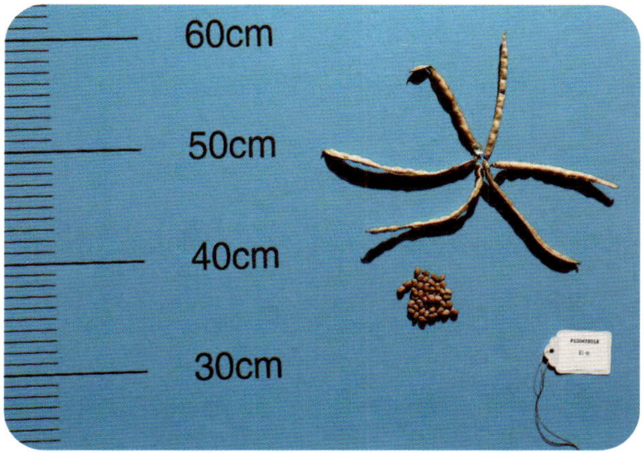

P150428019 红芸豆

作物名称　芸豆

种质名称　红芸豆

科　　名　豆科

属　　名　菜豆属

种　　名　菜豆

学　　名　*Phaseolus vulgaris* L.

采 集 地　内蒙古赤峰市喀喇沁旗牛营子镇野猪沟村

主要特征特性　生长习性蔓生，白花，无限结荚习性。叶片肥大，呈绿色。第一雌花着生在3~4节，每花序着花3~6朵，结荚3~6个。嫩荚棍形，长0~24cm，横径约1.2cm，单荚重约17g。籽粒细长，大粒，深红色，品质鲜嫩，商品性好。中熟，从播种至采收嫩荚81天左右。高产，抗病，适应性广。

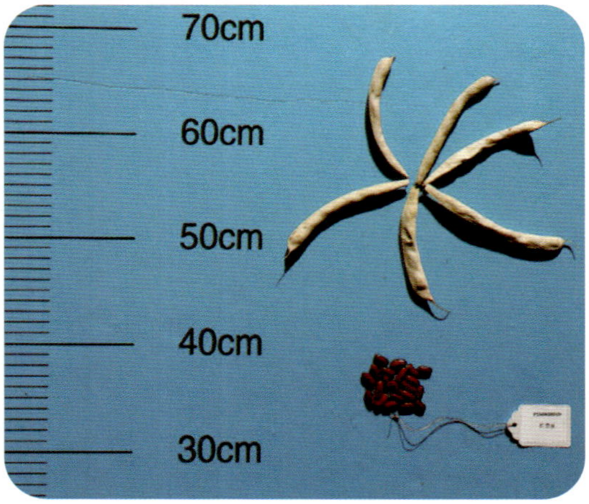

P150428020 小红芸豆

名　　称　芸豆

种质名称　小红芸豆

科　　名　豆科

属　　名　菜豆属

种　　名　菜豆

学　　名　*Phaseolus vulgaris* L.

采 集 地　内蒙古赤峰市喀喇沁旗牛营子镇野猪沟村

主要特征特性　生长习性蔓生，花浅紫色，无限结荚习性。叶片卵圆形，呈绿色。第一雌花着生在第2节，每花序着花2~5朵，结荚3~6个。嫩荚棍形，长0~24cm，横径约0.6cm，单荚重约15g。籽粒细长，小粒，深红色，品质鲜嫩，商品性好。中熟，从播种至采收嫩荚81天左右。高产，抗病，适应性广。

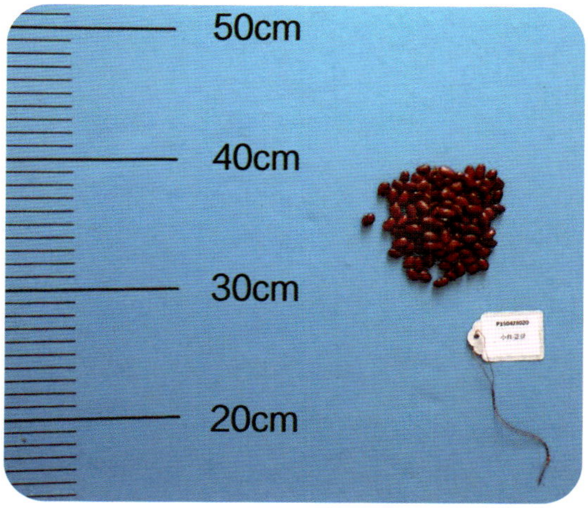

P150428021 麻籽豆

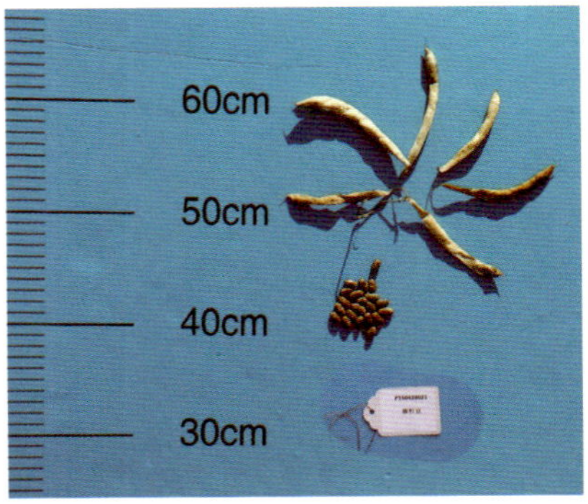

作物名称　芸豆

种质名称　麻籽豆

科　　名　豆科

属　　名　菜豆属

种　　名　菜豆

学　　名　*Phaseolus vulgaris* L.

采 集 地　内蒙古赤峰市喀喇沁旗牛营子镇野猪沟村

主要特征特性　生长习性蔓生，花浅紫色，无限结荚习性。长势强，叶片肥大，呈深绿色。第一雌花着生在3~4节，每花序着花4~8朵，结荚3~6个。嫩荚圆棍形，长0~33cm，横径约1.3cm，单荚重约30g。籽粒棕褐色带斑纹，无纤维，荚肉厚，品质鲜嫩，商品性好。中熟，从播种至采收嫩荚77天左右。高产，抗病，适应性广。

P150429004 丝豆

作物名称　芸豆

种质名称　金丝豆

科　　名　豆科

属　　名　菜豆属

种　　名　菜豆

学　　名　*Phaseolus vulgaris* L.

采 集 地　内蒙古赤峰市宁城县天义镇

主要特征特性　生长习性蔓生，无限结荚习性。生育期85天。卵圆形叶片，株高2.1m，单株荚数22个，成熟荚色褐色，荚型镰刀形，单株粒数5粒，粒型浅凹陷肾形，白色脐，籽粒紫红底带浅褐色花纹，有光泽，百粒重32.1g左右。

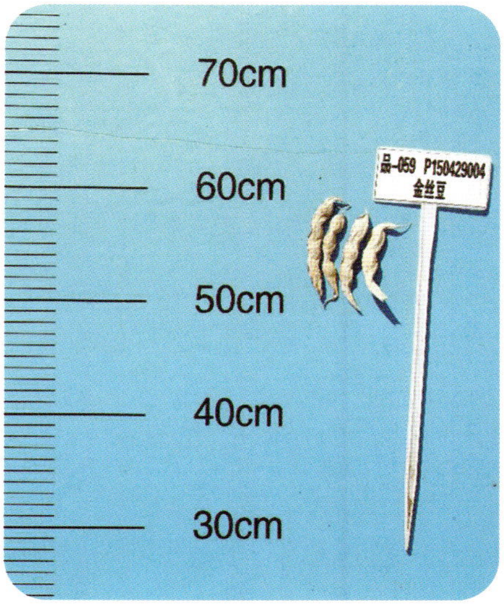

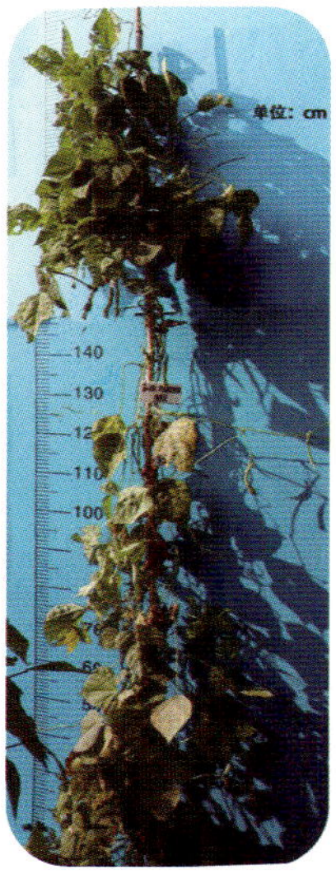

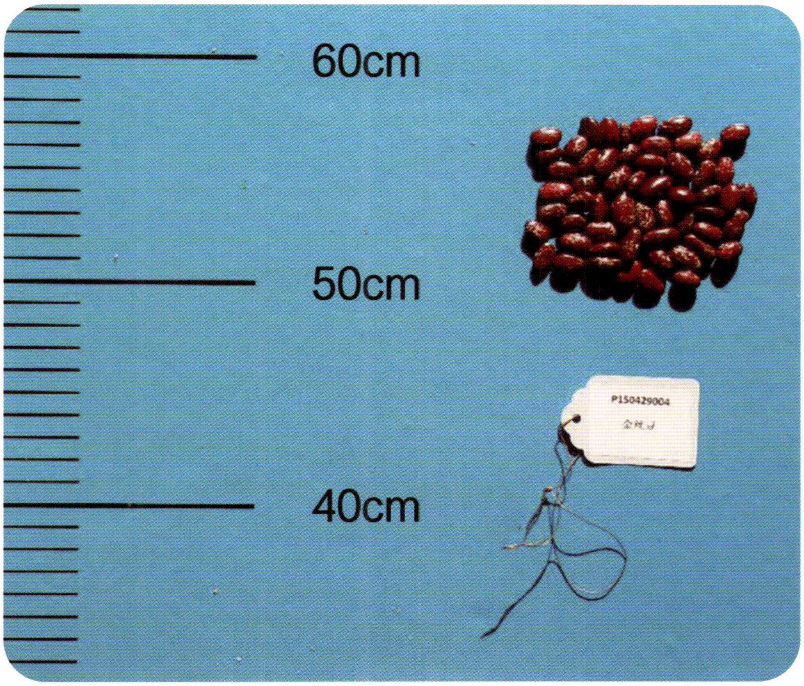

P150429013 老婆子耳朵

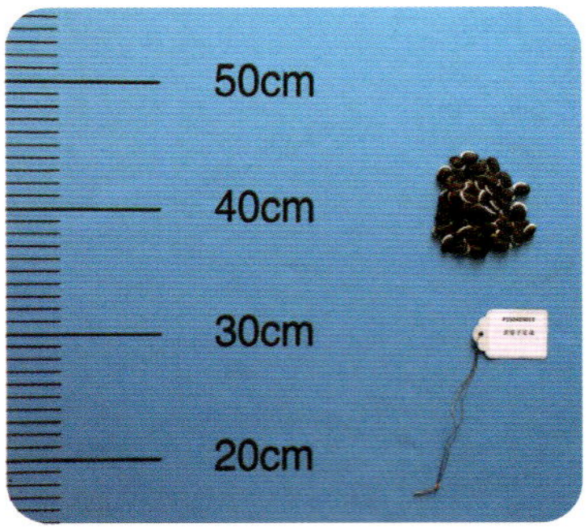

作物名称　芸豆

种质名称　老婆子耳朵

科　　名　豆科

属　　名　菜豆属

种　　名　菜豆

学　　名　*Phaseolus vulgaris* L.

采 集 地　内蒙古赤峰市宁城县忙农镇

主要特征特性　生长习性蔓生，紫花，无限结荚习性。株高1.9m，单株荚数18个，成熟荚白色，荚型直长，单株粒数5粒，粒型扁圆，籽粒黑色带白环，有光泽，百粒重35.9g左右。

P150429018 花小豆

作物名称　小豆

种质名称　花小豆

科　　名　豆科

属　　名　豇豆属

种　　名　小豆

学　　名　*Vigna angularis*

采 集 地　内蒙古赤峰市宁城县天义镇

主要特征特性　生长习性半蔓生，黄花，无限结荚习性。生育期90天左右。高产，优质，抗病，抗虫，抗旱，适应性广，耐贫瘠，口感好。

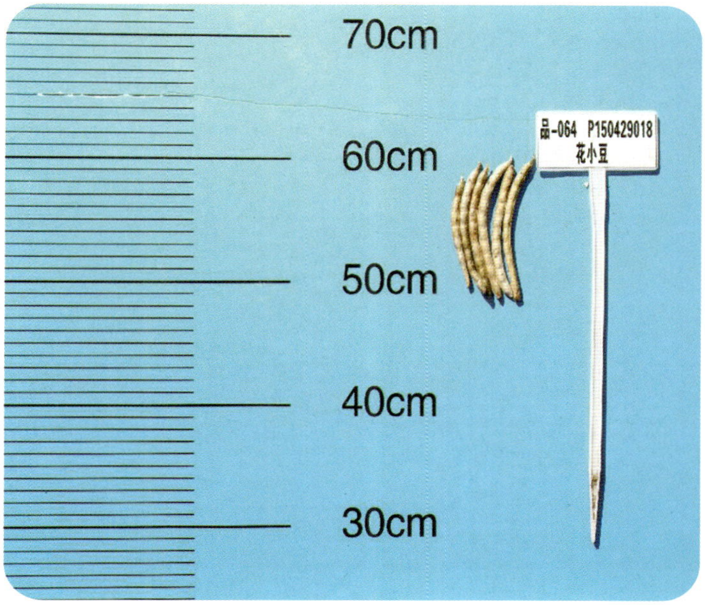

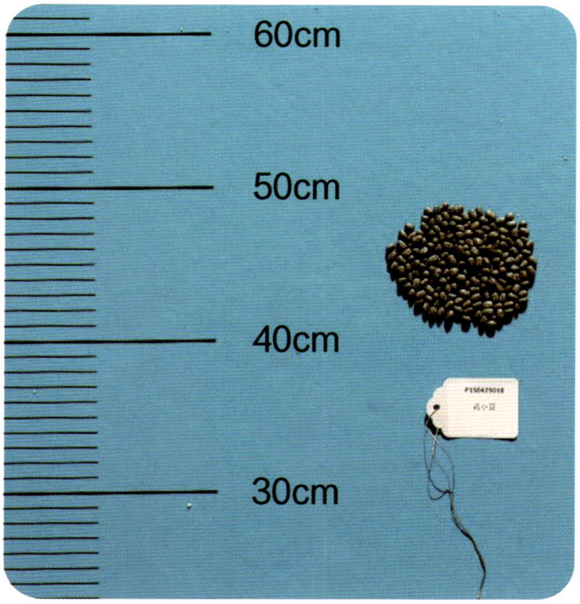

P150429021 花豆

作物名称　芸豆

种质名称　花豆

科　　名　豆科

属　　名　菜豆属

种　　名　菜豆

学　　名　*Phaseolus vulgaris* L.

采 集 地　内蒙古赤峰市宁城县天义镇

主要特征特性　生长习性蔓生，红花，无限结荚习性。长势强，叶片肥大，呈深绿色。第一雌花着生在3~4节，每花序着花3~6朵，结荚3~6个。单株荚数46~53个，嫩荚弓形，长0~13cm，横径约1.1cm，单荚粒数3~4个，单荚重约21g。籽粒细长，种皮紫色黑斑，品质鲜嫩，商品性好。中熟，从播种至采收嫩荚84天左右。高产，抗病，适应性广。

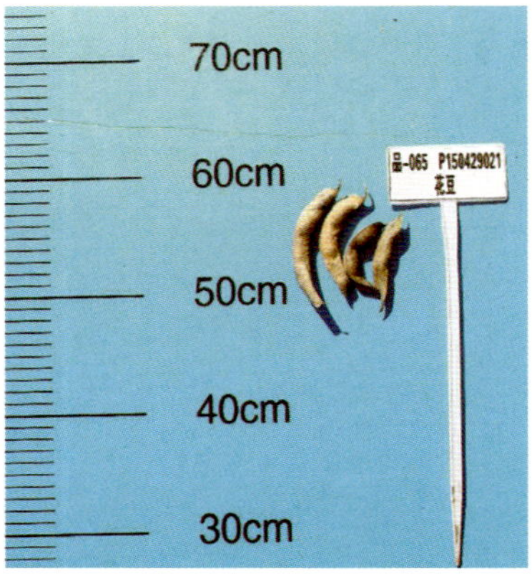

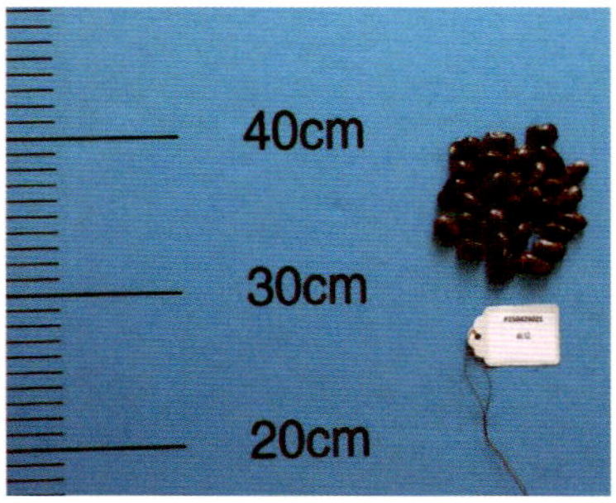

P150429027 红老婆耳朵

作物名称　芸豆

种质名称　红老婆耳朵

科　　名　豆科

属　　名　菜豆属

种　　名　菜豆

学　　名　*Phaseolus vulgaris* L.

采 集 地　内蒙古赤峰市宁城县必斯营子镇

主要特征特性　生长习性半蔓生，红花，无限结荚习性。株高2.3m，单株荚数22个，成熟荚白色，荚型直长，单株粒数4粒，粒型扁圆，籽粒红色带白环，有光泽，百粒重35.9g左右。

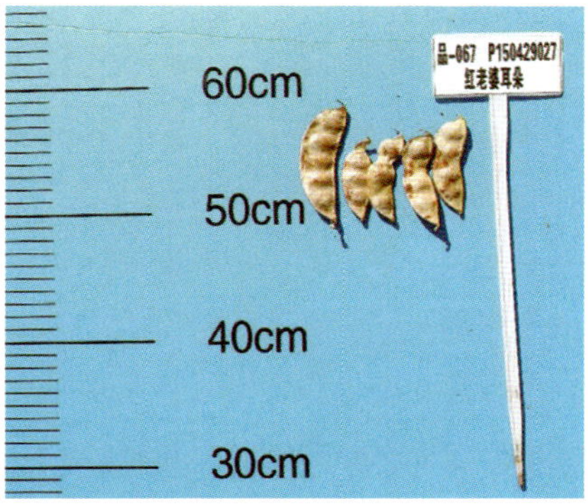

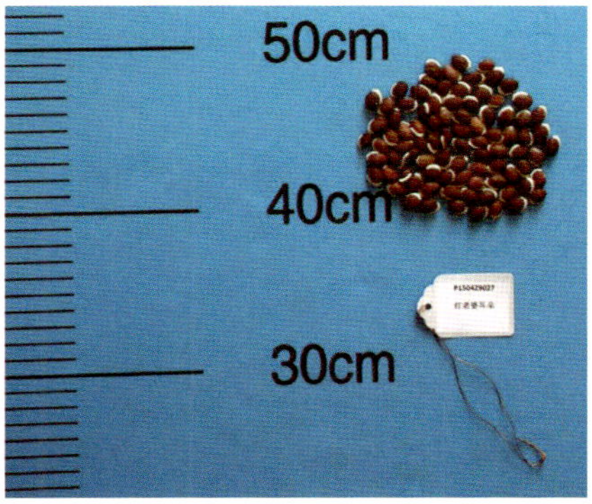

P150429032 小绿豆

作物名称　绿豆

种质名称　小绿豆

科　　名　豆科

属　　名　豇豆属

种　　名　绿豆

学　　名　*Vigna radiata*（Linn.）Wilczek

采 集 地　内蒙古赤峰市宁城县右北平镇

主要特征特性　生长习性半蔓生，无限结荚习性，籽粒碧绿有光泽。早熟型品种，生育期78天，卵圆形叶片，株高52cm，单株荚数36~48个，豆荚呈直镰刀形，荚长11.2cm，单荚粒数12粒，籽粒明亮黄色有光泽。成熟荚黑色，结荚集中，成熟一致不炸荚。抗倒，抗病性强。

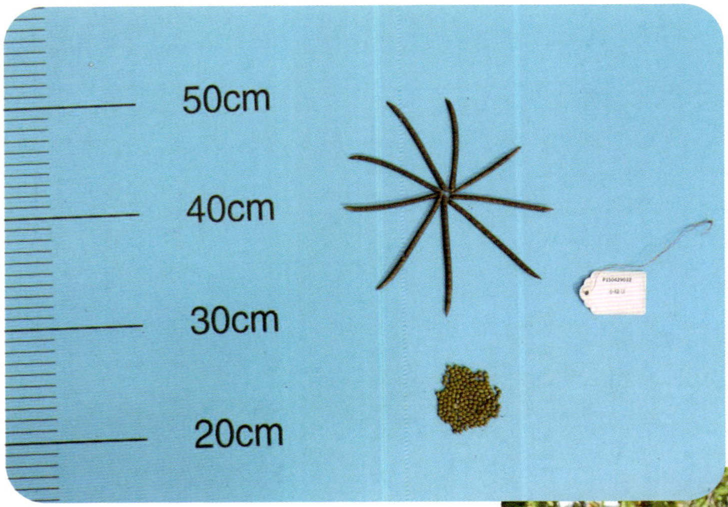

P150429034 红芸豆

作物名称　芸豆

种质名称　红芸豆

科　　名　豆科

属　　名　菜豆属

种　　名　菜豆

学　　名　*Phaseolus vulgaris* L.

采 集 地　内蒙古赤峰市宁城县右北平镇

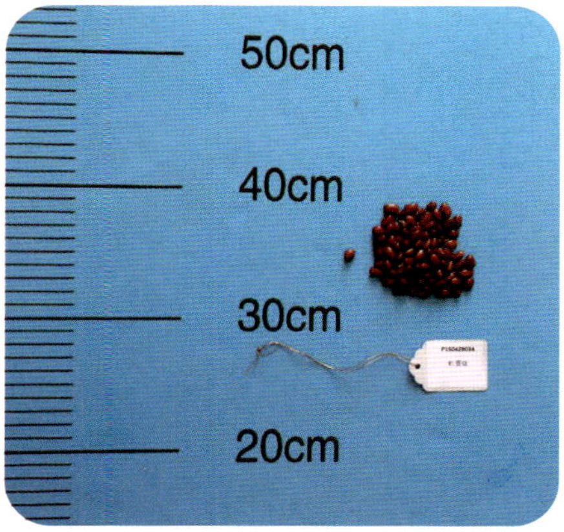

主要特征特性　生长习性蔓生，白花，无限结荚习性。叶片卵圆形，呈绿色。第一雌花着生在第2节，每花序着花2~5朵，结荚3~6个。嫩荚棍形，长0~24cm，横径约0.6cm，单荚重约15g。籽粒细长，小粒，深红色，品质鲜嫩，商品性好。中熟，从播种至采收嫩荚81天左右。高产，抗病，适应性广。

P150429035 黑芸豆

作物名称　芸豆

种质名称　黑芸豆

科　　名　豆科

属　　名　菜豆属

种　　名　菜豆

学　　名　*Phaseolus vulgaris* L.

采 集 地　内蒙古赤峰市宁城县右北平镇

主要特征特性　生长习性蔓生，花紫色，无限结荚习性。可以做馅、做豆饭，营养价值高。

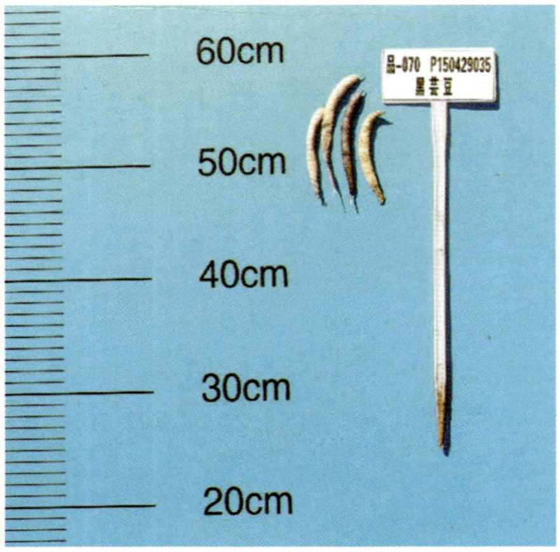

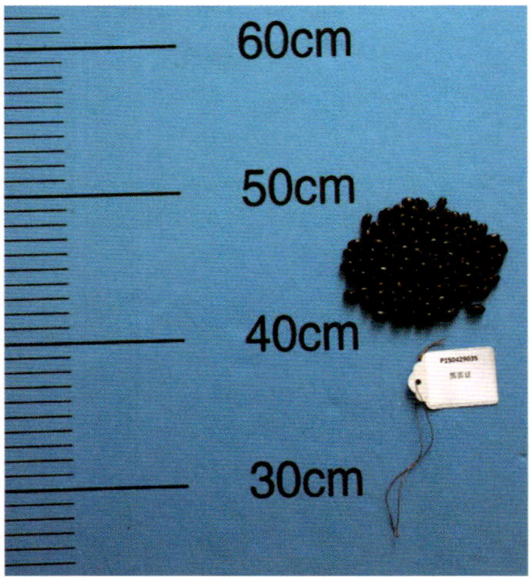

P150429039 绿杂豆

作物名称　绿豆

种质名称　绿杂豆

科　　名　豆科

属　　名　豇豆属

种　　名　绿豆

学　　名　*Vigna radiata* (Linn.) Wilczek

采 集 地　内蒙古赤峰市宁城县右北平镇

主要特征特性　生长习性半蔓生，无限结荚习性。早熟型品种，生育期78天，卵圆形叶片，株高49cm，单株荚数51个，豆荚呈直镰刀形，荚长10.5cm，单荚粒数9粒，籽粒明亮黄色有光泽。成熟荚黑色，结荚集中，成熟一致不炸荚。抗倒，抗病性强。

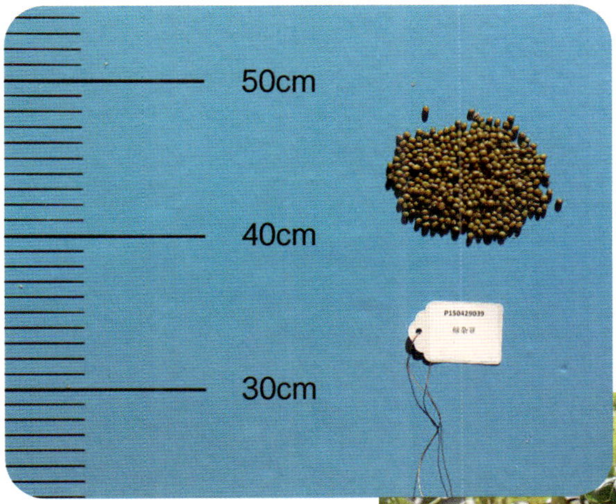

P150403009 大白脐黄豆

作物名称 大豆

种质名称 大白脐黄豆

科　　名 豆科

属　　名 大豆属

种　　名 大豆

学　　名 *Glycine max* (Linn.) Merr.

采 集 地 内蒙古赤峰市元宝山区

主要特征特性 一年生草本，直立型品种，株型收敛；生育期120天，需≥10℃活动积温2600℃左右。幼苗子叶绿色，下胚轴紫色，小叶三片，椭圆叶，叶色深绿；白色花冠，花序短，棕色茸毛，无限结荚习性；株高95~100cm，底荚高度8~10cm，分枝多达5~6个，主茎节数20节，每节荚数2~3个，单株荚数达到55个以上，单株粒数115~130粒；荚弯镰形，荚皮浅褐色，籽粒黄色、圆形，无光泽，种脐黄色偏白，种子大粒，百粒重21g左右。

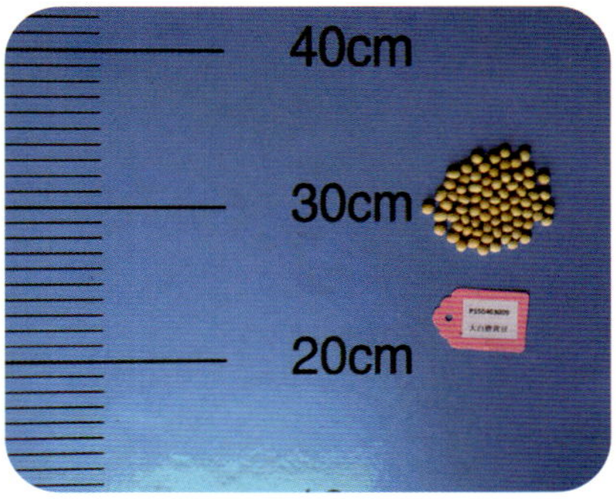

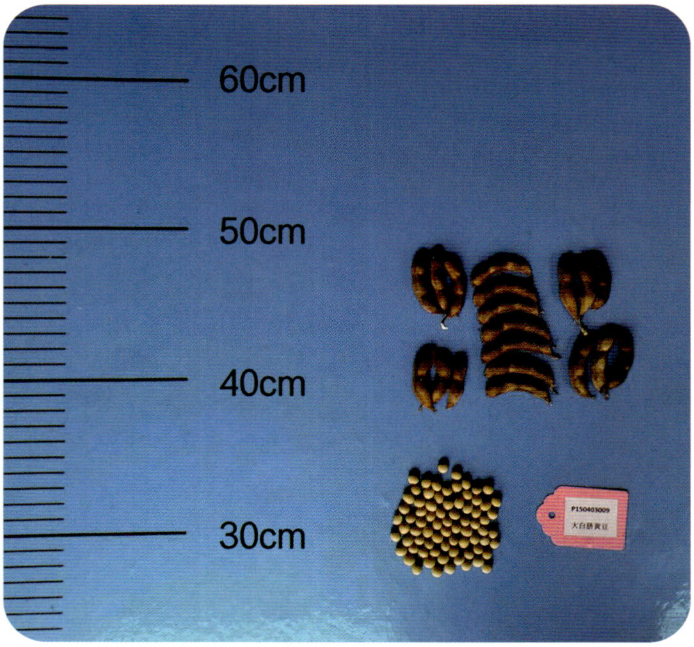

P150403039 黑豆

作物名称　大豆

种质名称　黑豆

科　　名　豆科

属　　名　大豆属

种　　名　大豆

学　　名　*Glycine max* (Linn.) Merr.

采 集 地　内蒙古赤峰市元宝山区美丽河镇

主要特征特性　一年生草本，半直立品种，生育期125天。株型收敛，幼苗子叶绿色，下胚轴颜色绿色；主茎不明显，茎秆弱，易倒伏；小叶数三片，椭圆形叶，叶色绿，紫色花冠，花序短，棕色茸毛，无限结荚习性；株高可达110~120cm，底荚高度10~15cm，分枝数3~4个，主茎节数19~21节，每节荚数1~2个，单株荚数35个左右，每荚粒数1~2粒，单株粒数80~95粒；荚弯镰形，荚皮褐色，籽粒黑色、圆形、无泥膜、有光泽，种脐白色，百粒重17g左右。抗旱，耐盐碱。

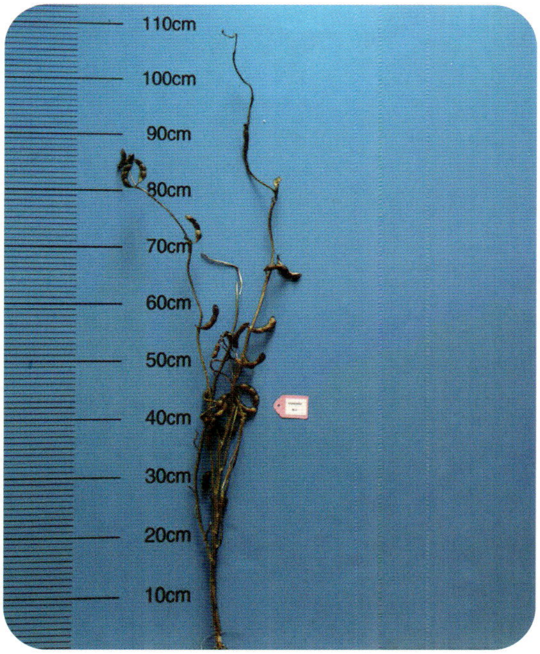

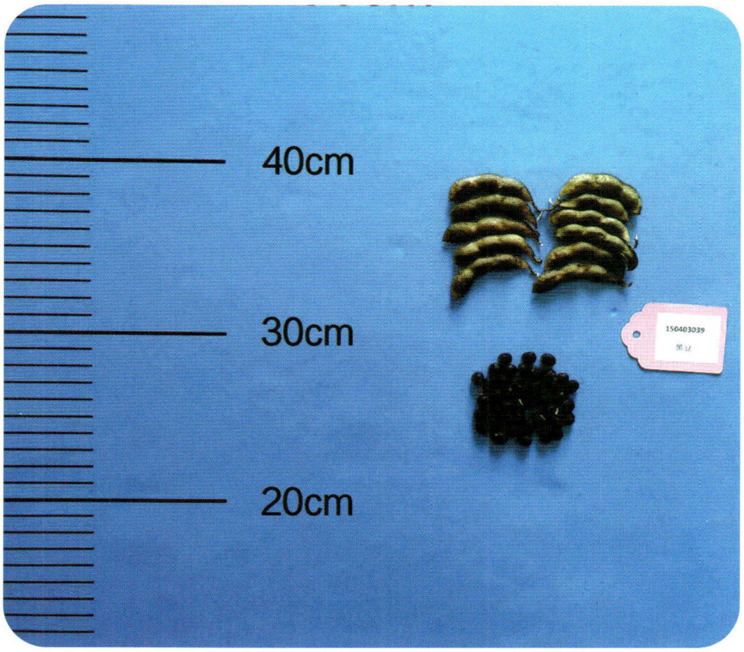

P150403024 黑豆

作物名称　大豆

种质名称　黑豆

科　　名　豆科

属　　名　大豆属

种　　名　大豆

学　　名　*Glycine max*（Linn.）Merr.

采 集 地　内蒙古赤峰市元宝山区五家镇望甘池村

主要特征特性　一年生草本，半蔓生品种，生育期122天。幼苗子叶绿色，下胚轴绿色，小叶三片，椭圆叶，叶色浅绿，白色花冠，花序长，灰色茸毛；株型半开张，无限结荚习性；株高可达130~140cm，底荚高度5~8cm，分枝数2~3个，主茎节数22~24节，每节荚数1~2个，单株荚数40个以上，每荚粒数1~2粒，单株粒数90~105粒；荚弯镰形，荚皮褐色，籽粒黑色、圆形、无泥膜、微光，种脐黑色，种仁绿色，种子百粒重15g左右。抗病，耐盐碱，抗旱。

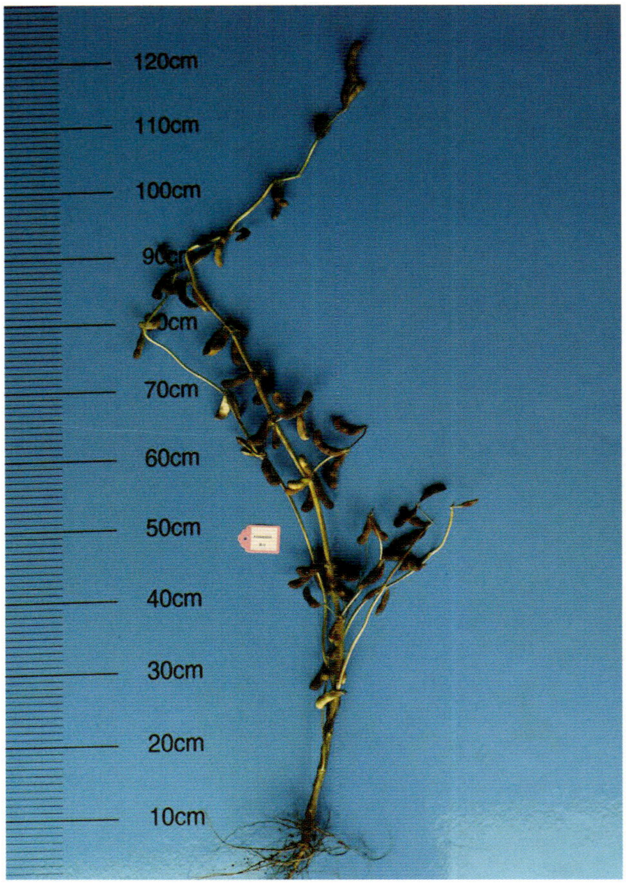

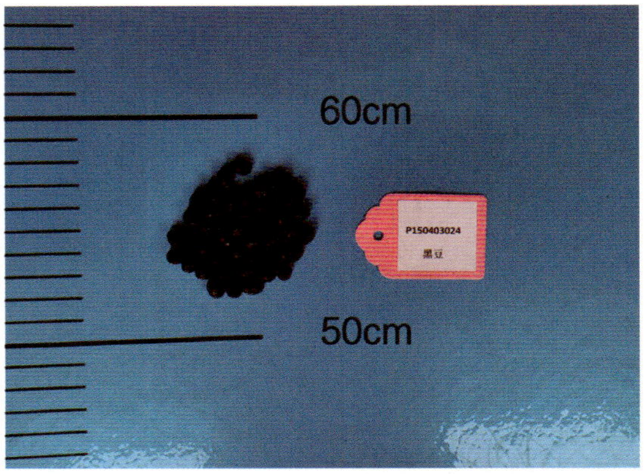

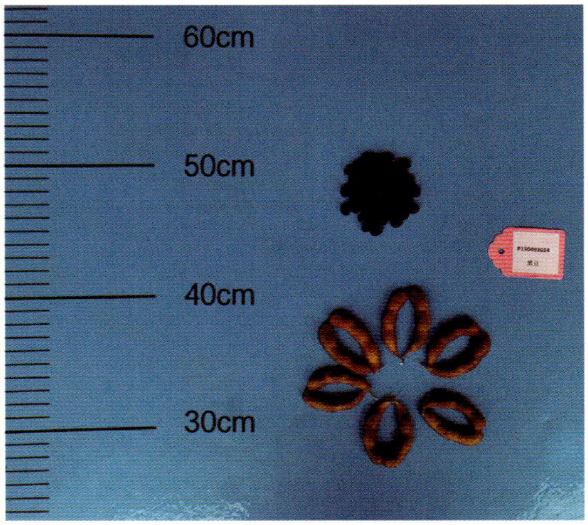

半野生大豆-1

作物名称　大豆

种质名称　半野生大豆

科　　名　豆科

属　　名　大豆属

种　　名　大豆

学　　名　*Glycine soja* Sieb. et Zucc.

采 集 地　内蒙古赤峰市松山区城子乡

主要特征特性　一年生草本，半蔓生品种，野生资源，生育期123~125天，需≥10℃活动积温2650~2700℃。幼苗子叶绿色，下胚轴紫色，小叶三片，椭圆叶、紫色花冠、总状花序短，花小，棕色茸毛；主茎茎秆弱、蔓生，无限结荚习性；株高可达1.5~2m，单株荚数95个以上，每荚粒数2~3粒，单株粒数200~240粒；荚弯镰形，荚皮黄褐色，籽粒黑色、椭圆形、粒小、偏扁，无泥膜，有光泽，百粒重10g左右。抗旱，耐盐碱。可做品种杂交资源使用。

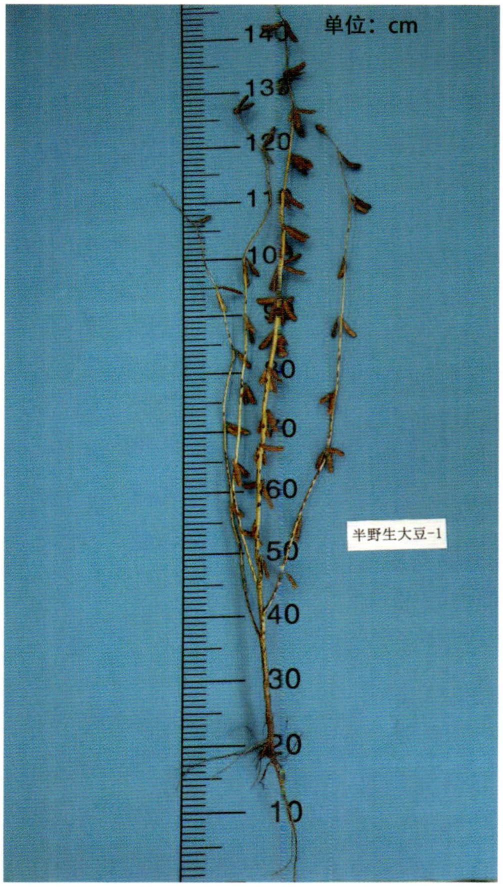

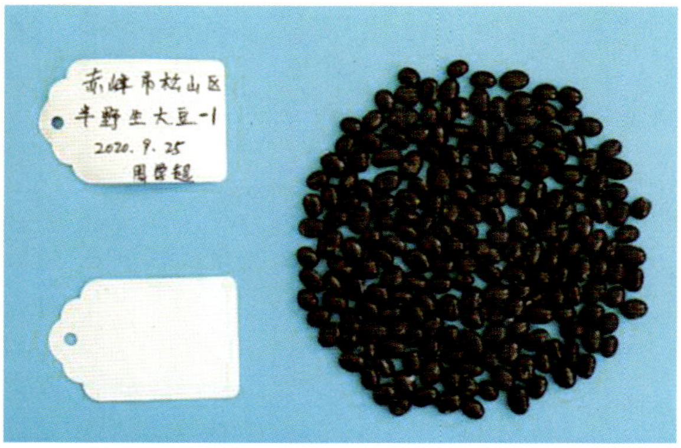

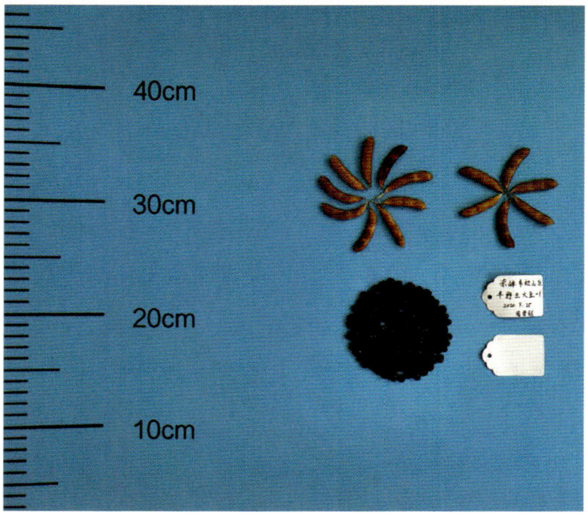

半野生大豆-2

作物名称　大豆

种质名称　半野生大豆

科　　名　豆科

属　　名　大豆属

种　　名　大豆

学　　名　*Glycine soja* Sieb. et Zucc.

采 集 地　内蒙古赤峰市松山区城子乡兴隆庄村

主要特征特性　一年生草本，半蔓生品种，野生资源，生育期120~125天。幼苗子叶绿色，下胚轴紫色，小叶三片，椭圆叶、叶色浅绿、叶柄长，紫色花冠、总状花序短，花小；棕色茸毛，茸毛直立，密度中。株高可达110~120cm，分枝数5~6个，单株荚数60个以上，每荚粒数1~2粒，单株粒数130~150粒；荚果直形，荚皮黑色，种子椭圆形，偏扁，种脐黑色，无泥膜，有光泽，百粒重13~15g。抗旱，耐盐碱。

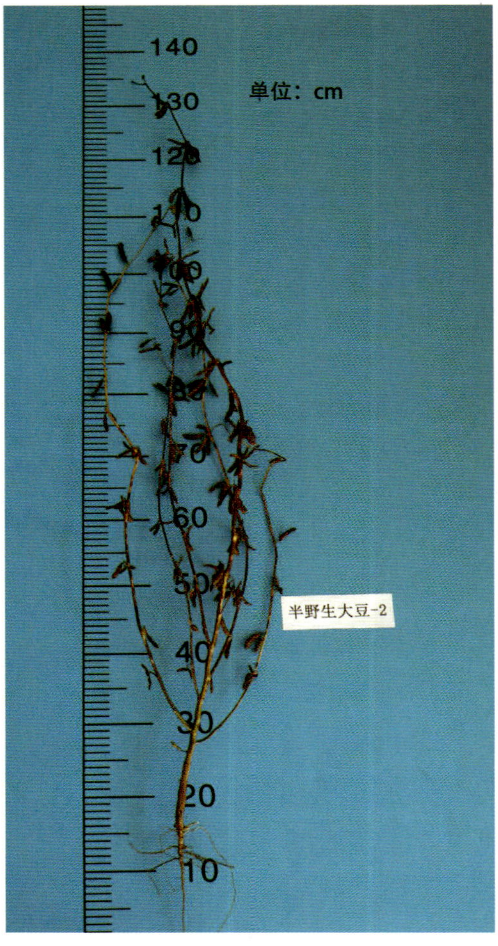

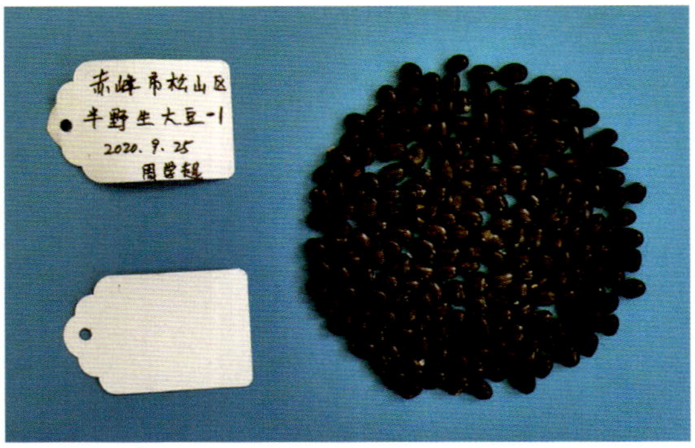

半野生大豆-4

作物名称　大豆

种质名称　半野生大豆

科　　名　豆科

属　　名　大豆属

种　　名　大豆

学　　名　*Glycine soja* Sieb. et Zucc.

采 集 地　内蒙古赤峰市松山区穆家营子镇洞后村

主要特征特性　草本植物，一年生野生品种，生育期125~130天。幼苗子叶绿色，下胚轴紫色，小叶三片，椭圆叶，叶色绿，白色花冠、花序短，花小；主茎明显，灰色茸毛，茸毛直立，密度稀。株型收敛，无限结荚习性；株高1.4~1.5m，底荚高度12~15cm，分枝数1~2个，主茎节数20~22节，每节荚数2~3个，单株荚数70个左右，每荚粒数2粒，单株粒数130~150粒；荚果弯镰形，荚皮黄褐色，种子椭圆形，略扁，种脐黑色，粒小，无泥膜，有光泽，百粒重12~14g。抗旱，耐盐碱。

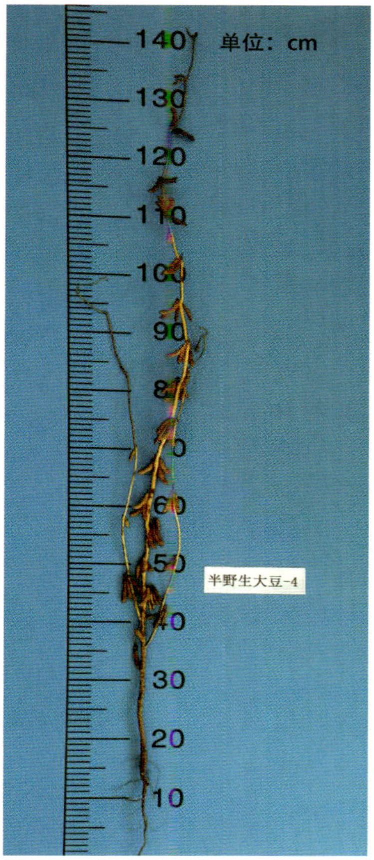

野生大豆

作物名称　大豆

种质名称　野生大豆

科　　名　豆科

属　　名　大豆属

种　　名　大豆

学　　名　*Glycine soja* Sieb. et Zucc.

采 集 地　内蒙古赤峰市翁牛特旗海拉苏镇

主要特征特性　野生大豆资源，一年生缠绕草本植物，长可达4m。茎、小枝纤细，托叶片卵状披针形，顶生小叶卵圆形或卵状披针形。总状花序短，花小，花梗密生灰色茸毛；苞片披针形；花冠淡红紫色，无限结荚习性，荚果弯镰形，种子间稍缢缩，种子圆形，无泥膜，无光泽，种脐黑色，百粒重7g左右。在翁牛特旗海拉苏镇的野生环境中生长旺盛，在松山区种植显示边开花荚果边成熟，成熟后会炸荚，种子直接落入土中来年繁殖发芽。抗旱，耐贫瘠，可做远缘杂交资源用。

P150421001 小粒黑豆

作物名称　大豆

种质名称　小粒黑豆

科　　名　豆科

属　　名　大豆属

种　　名　大豆

学　　名　*Glycine soja* Sieb

采 集 地　内蒙古赤峰市阿鲁科尔沁旗乌兰哈达乡新林堡

主要特征特性　一年生草本，半直立品种，地方品种，生育期120天左右。幼苗子叶绿色，下胚轴绿色，小叶三片，椭圆叶，叶色绿；淡紫色花冠，花序短，花小；灰色茸毛，茸毛直立，密度密；株型收敛，无限结荚习性；主茎明显，强度弱，易倒伏；株高可达1.6~1.8m，底荚高度8~10cm，分枝数2~3个，主茎节数22~24节，每节荚数1~2个，单株荚数50个左右，每荚粒数2粒，单株粒数110~125粒；荚弯镰形，荚皮色浅褐色，籽粒黑色、圆形、小粒，百粒重13~15g。抗病，抗虫，抗旱，耐贫瘠，可粒用，秸秆可饲用。

P150421028 小粒黑豆

作物名称　大豆

种质名称　小粒黑豆

科　　名　豆科

属　　名　大豆属

种　　名　大豆

学　　名　*Glycine max*（Linn.）Merr

采 集 地　内蒙古赤峰市阿鲁科尔沁旗巴彦花镇东古井子村

主要特征特性　一年生草本植物，半直立品种，地方品种，生育期118~120天。幼苗子叶绿色，下胚轴紫色，椭圆叶，叶色浅绿，叶柄长；紫色花冠，花序短；灰色茸毛，茸毛直立，密度密；株型收敛，无限结荚习性；主茎明显，强度弱，易倒伏；株高90~100cm，底荚高度8~10cm，分枝数3~4个，主茎节数18~20节，每节荚数1~2个，单株荚数55个左右，每荚粒数2粒，单株粒数110~135粒；荚弯镰形，荚皮浅褐色，籽粒黑色、圆形，种子小粒，无泥膜，无光泽，百粒重13~15g。抗病，抗旱，耐贫瘠。可粒用，可饲用。

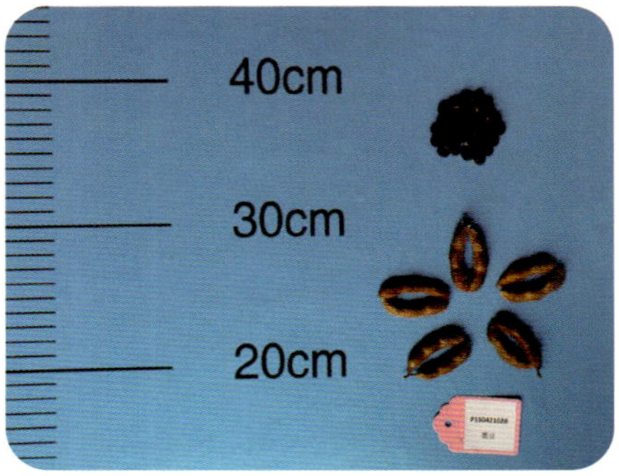

P150421045 绿心黑豆

作物名称　大豆
种质名称　绿心黑豆
科　　名　豆科
属　　名　大豆属
种　　名　大豆
学　　名　*Glycine max* (Linn.) Merr.
采 集 地　内蒙古赤峰市阿鲁科尔沁旗先锋乡新林村

主要特征特性　一年生草本，直立型品种，地方品种，生育期120~122天。幼苗子叶绿色，下胚轴绿色，椭圆叶，小叶三片，叶色绿；紫色花冠，花序长；灰色茸毛，茸毛直立，密度密；株型收敛，无限结荚习性；株高140~150cm，底荚高度12~15cm，分枝数1~2个，主茎节数23~25节，单株荚数60个左右，单株粒数125~140粒；荚弯镰形，荚皮深褐色，籽粒黑色、圆形、无光泽，种脐黑色，种子中粒，种仁绿色，百粒重14~15g。抗旱，耐贫瘠。

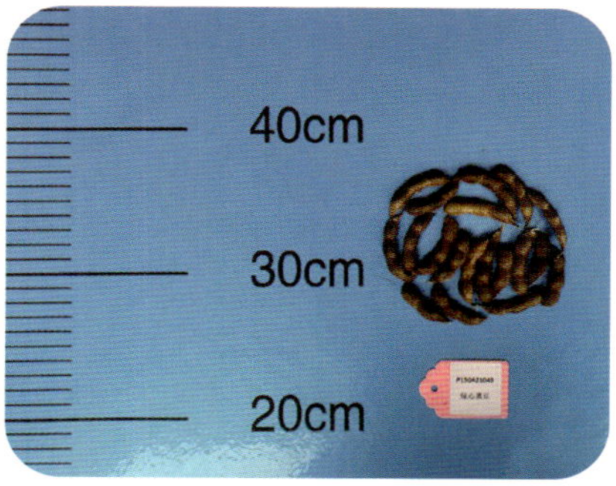

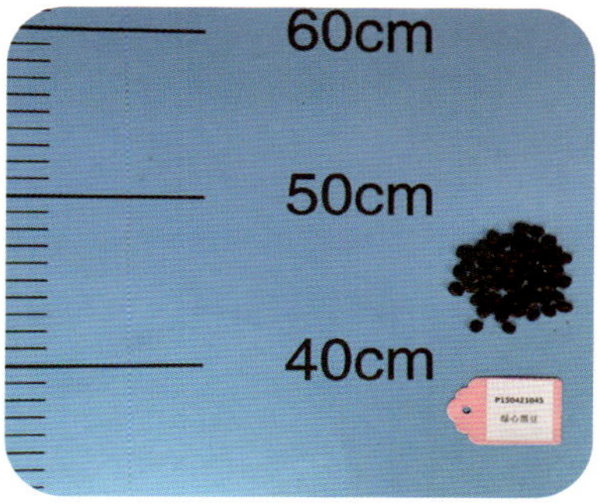

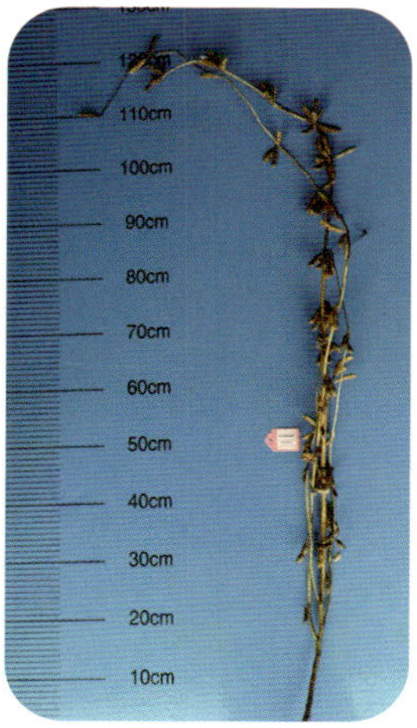

P150421046 红黄豆

作物名称　大豆

种质名称　红黄豆

科　　名　豆科

属　　名　大豆属

种　　名　大豆

学　　名　*Glycine max* (Linn.) Merr.

采 集 地　内蒙古赤峰市阿鲁科尔沁旗先锋乡新林村

主要特征特性　一年生草本植物，直立型品种，地方品种，生育期115~118天。幼苗子叶黄色，下胚轴紫色，椭圆叶，叶色深绿；紫色花冠，棕色茸毛，茸毛紧贴，密度中；株型半张开，有限结荚习性；主茎明显，强度弱，倒伏；株高110~120cm，分枝多5~7个，主茎节数19~20节，每节荚数1~2个，单株荚数50个左右，单株粒数105~120粒；荚皮红褐色，籽粒种皮红色，圆形，无泥膜，有光泽，种脐红色，种子大粒，百粒重20g左右。红色种皮，营养特殊。

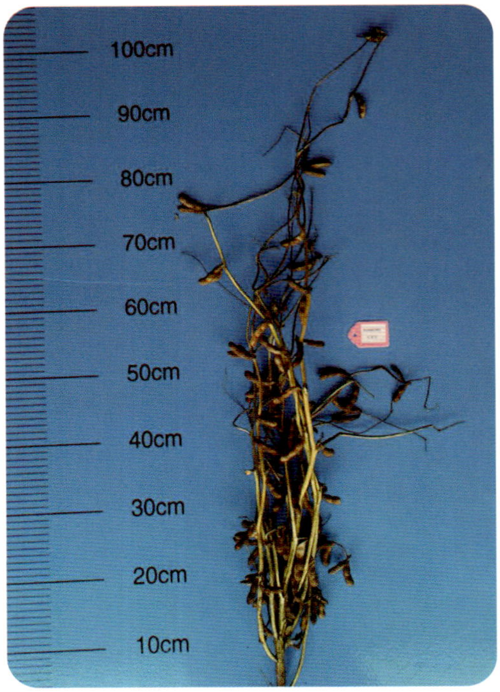

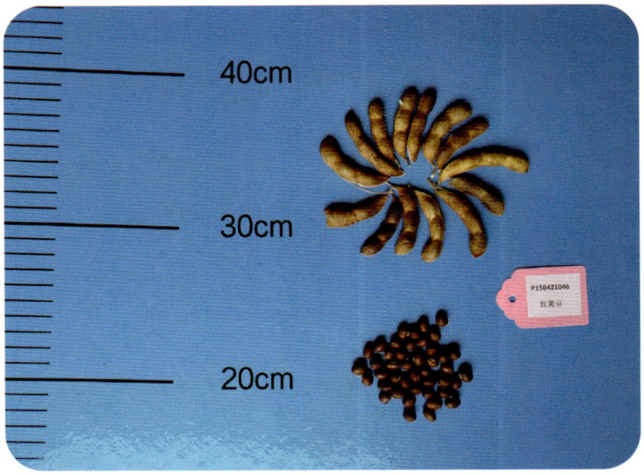

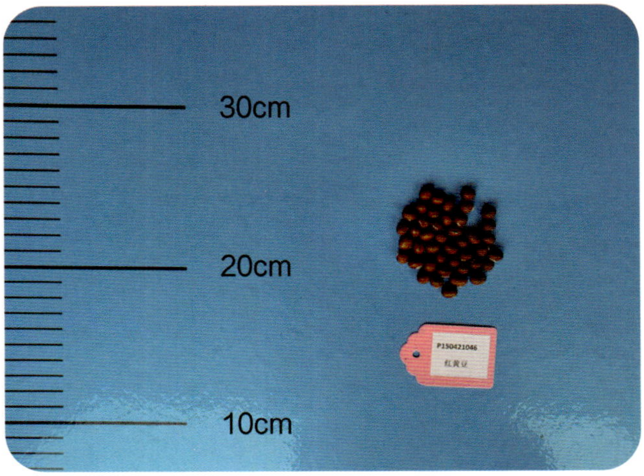

P150423010 野生大豆

作物名称　大豆

种质名称　野生大豆

科　　名　豆科

属　　名　大豆属

种　　名　大豆

学　　名　*Glycine soja* Sieb. et Zucc.

采 集 地　内蒙古赤峰市巴林右旗索博日嘎镇罕山林场

主要特征特性　一年生缠绕草本植物，野生品种，茎、小枝纤细，托叶片卵状披针形，顶生小叶卵圆形。主茎不明显，强度弱，缠绕生长。总状花序短，花小，花冠淡红紫色；株高可达4m，单株结荚数可达400~500个，每荚2~3粒种子。荚果弯镰形，种子间稍缢缩，种子圆形，种脐黑色，小粒，无泥膜，有光泽，百粒重7g左右。抗旱，耐盐碱。

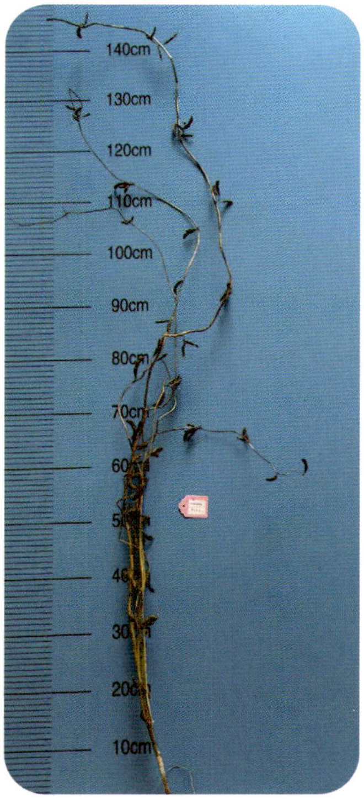

P150424011 青阳黑豆

作物名称　大豆

种质名称　青阳黑豆

科　　名　豆科

属　　名　大豆属

种　　名　大豆

学　　名　*Glycine max*（Linn.）Merr.

采 集 地　内蒙古赤峰市林西县大营子乡

主要特征特性　一年生草本植物，直立型品种，地方品种，特用品种，生育期115~118天。幼苗子叶绿色，下胚轴紫色，卵圆叶，白色花，花序短；灰色茸毛，茸毛直立，密度中；株型收敛，亚有限结荚习性；株高70~75cm，底荚高度5~8cm，分枝数2~3个，主茎节数16~17节，单株荚数40个左右，单株粒数80~90粒；荚皮深褐色，荚弯镰形，籽粒黑色，圆形，种脐黑色，种仁绿色，百粒重14~15g。

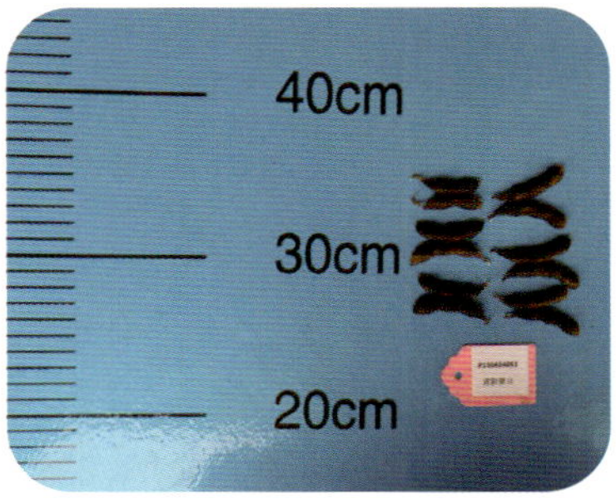

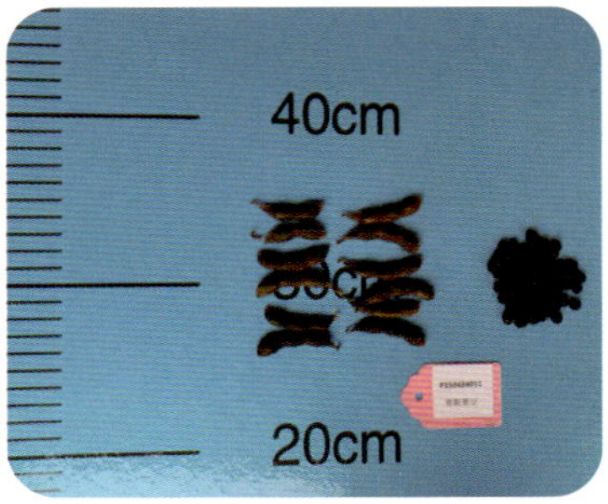

P150424030 青豆

作物名称　大豆

种质名称　青豆

科　　名　豆科

属　　名　大豆属

种　　名　大豆

学　　名　*Glycine max*（Linn.）Merr.

采 集 地　内蒙古赤峰市林西县十二吐乡

主要特征特性　一年生草本植物，半蔓生品种，地方特用品种，生育期123~125天。株型半收敛，椭圆叶，紫色花冠，花序短；棕色茸毛，茸毛紧贴，密度密；株型半开张，无限结荚习性，主茎不明显，强度弱，倒伏严重；株高可达130~140cm，分枝多5~6个，主茎节数22~25节，每节荚数1~2个，单株荚数55~60个，单株粒数115~140粒；荚弯镰形，荚皮浅褐色，籽粒绿色、圆形，种脐黑色，无泥膜，无光泽，百粒重20g左右。

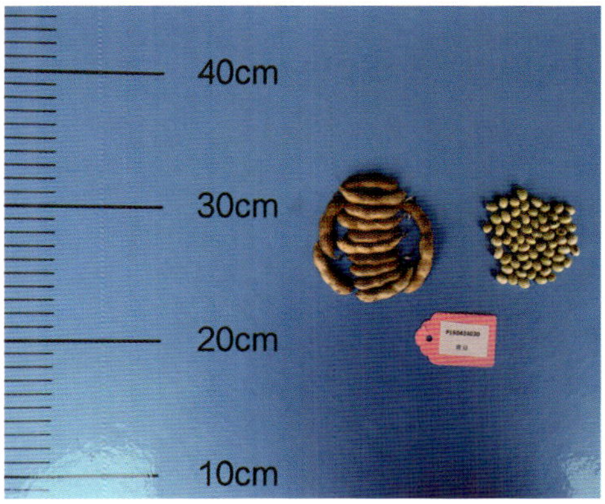

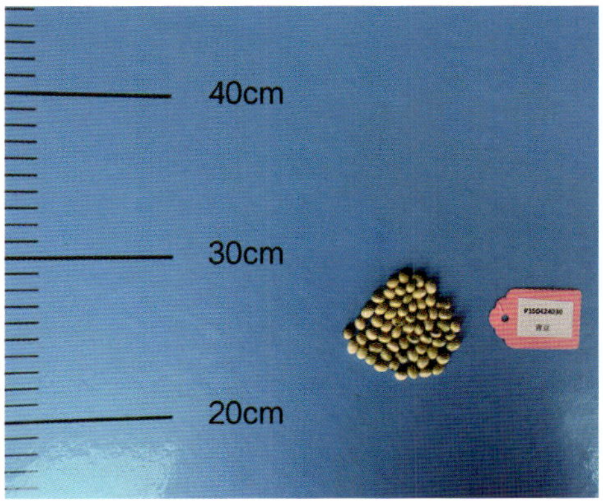

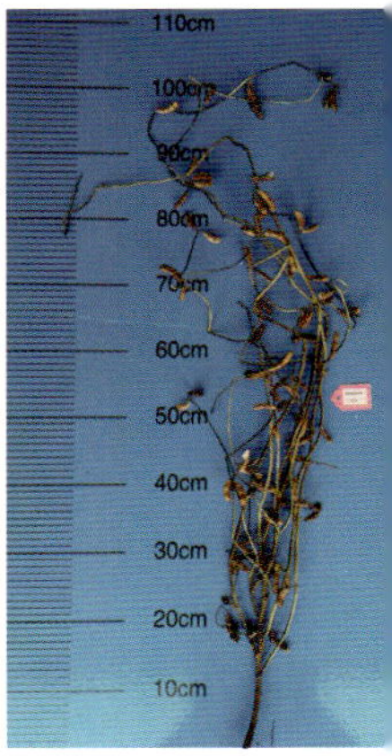

P150425016 小黑豆

作物名称 大豆

种质名称 小黑豆

科　　名 豆科

属　　名 大豆属

种　　名 大豆

学　　名 *Glycine max* (Linn.) Merr.

采 集 地 内蒙古赤峰市克什克腾旗万合永镇万德成村

主要特征特性 一年生草本，半蔓生品种，地方特用品种，生育期116天左右。子叶绿色，下胚轴紫色；椭圆叶，小叶三片，紫色花冠，灰色茸毛；株型收敛，无限结荚习性；主茎不明显，强度弱，易倒伏。株高可达1.5~1.6m，分枝3~4个，分枝高度可达1m以上，与主茎差别不明显，主茎节数24~25个，单株荚数70个左右，单株粒数135~150粒；荚弯镰形，荚皮黄褐色，籽粒黑色、扁椭圆形，种脐黑色，无泥膜，有光泽，种子小粒，百粒重10g左右。

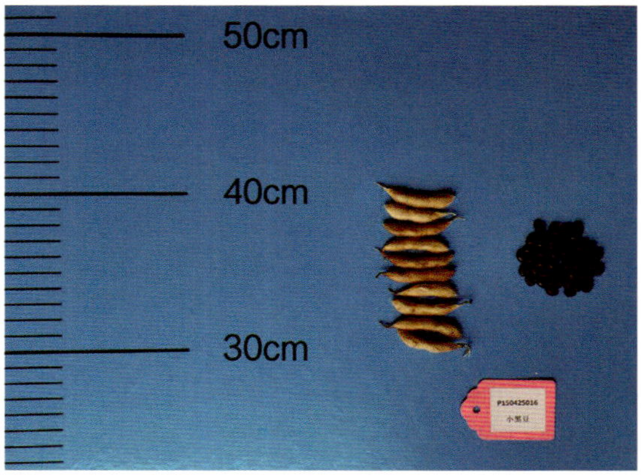

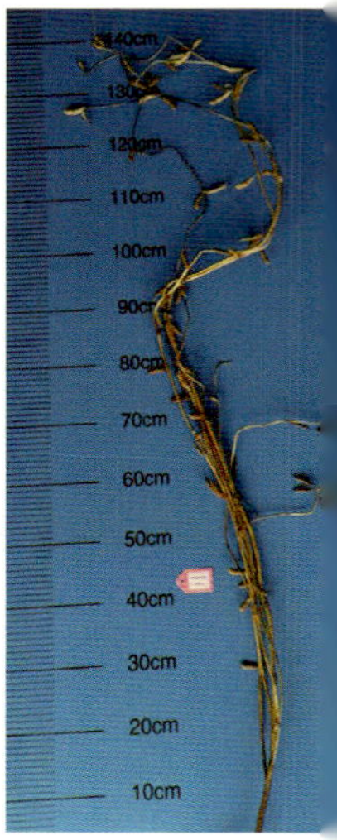

P150426037 黑豆

作物名称　大豆

种质名称　黑豆

科　　名　豆科

属　　名　大豆属

种　　名　大豆

学　　名　*Glycine max*（Linn.）Merr.

采 集 地　内蒙古赤峰市翁牛特旗乌丹镇东窝铺村

主要特征特性　一年生草本，半蔓生型品种，地方特用品种，生育期126天左右。卵圆叶，小叶三片，叶柄长；紫色花冠，花序长，花小，灰色茸毛，茸毛直立，密度小；株型收敛，无限结荚习性，主茎明显茎秆弱，倒伏严重；株高达到2m多，分枝数2~3个，分枝较长可达1m，主茎节数25节以上，每节荚数1~2个，单株荚数60个以上，单株粒数115~135粒；荚皮黄褐色，荚弯镰形，籽粒黑色，椭圆形，种脐黑色，有光泽，百粒重13~15g。抗病，抗虫，抗旱。

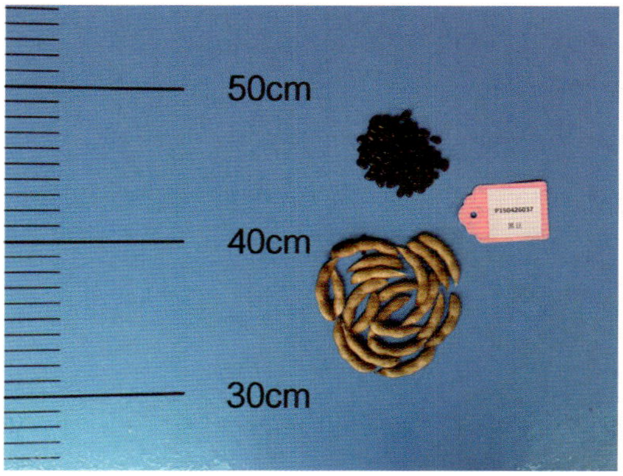

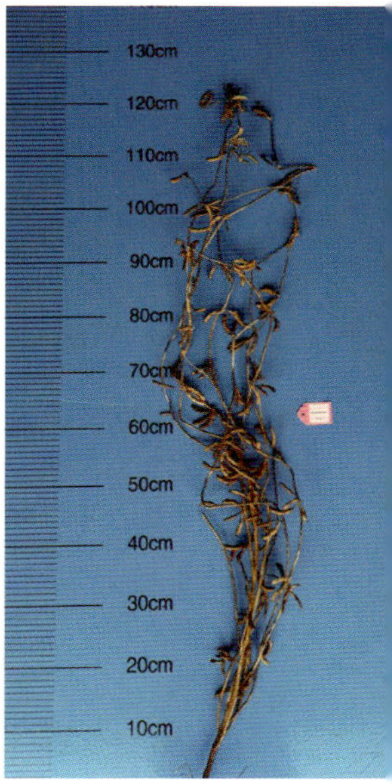

P150426049 青豆

作物名称　大豆

种质名称　青豆

科　　名　豆科

属　　名　大豆属

种　　名　大豆

学　　名　*Glycine max*（Linn.）Merr.

采 集 地　内蒙古赤峰市翁牛特旗桥头镇敖包村

主要特征特性　一年生草本，直立型晚熟品种，地方品种，特用品种，生育期125天左右。子叶绿色，椭圆叶，小叶三片，叶柄长；白色花冠，花序短，棕色茸毛，茸毛直立，密度中；株型收敛，无限结荚习性，主茎明显，强度弱，易倒伏；株高140~150cm，分枝2~3个，主茎节数20个以上，每节荚数1~2个，单株荚数50个左右，单株粒数90~105粒；荚弯镰形，荚皮褐色，籽粒绿色、圆形，种脐黑色，种子大粒，百粒重18g左右。抗旱，耐贫瘠。

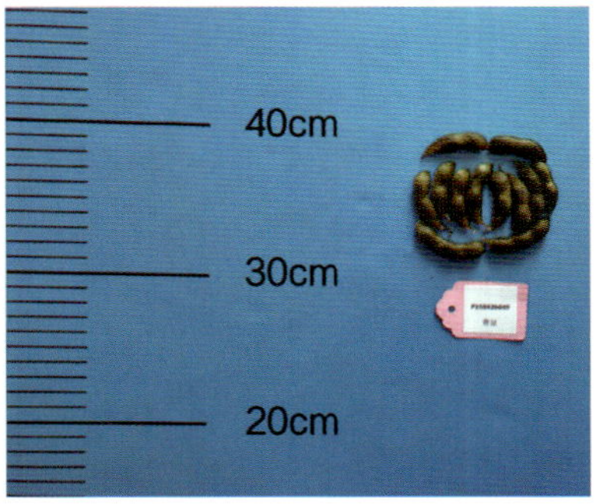

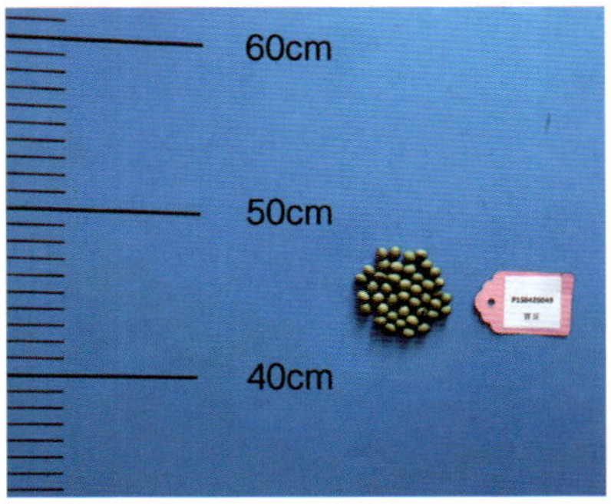

P150428007 小粒黑豆

作物名称　大豆

种质名称　小粒黑豆

科　　名　豆科

属　　名　大豆属

种　　名　大豆

学　　名　*Glycine max* (Linn.) Merr.

采 集 地　内蒙古赤峰市喀喇沁旗牛营子镇团结村

主要特征特性　一年生草本，半蔓生品种，地方特用品种，生育期125天左右。子叶绿色，下胚轴紫色；卵圆叶，小叶三片，叶柄长；紫色花冠，花序短，花小；灰色茸毛，茸毛直立，密度中；株型半开张，无限结荚习性；主茎明显，强度弱，易倒伏；株高150cm以上，分枝4~5个，主茎节数25个左右，每节荚数1~2个，单株荚数70个左右，单株粒数130~150粒；荚皮黄色，籽粒黑色、椭圆形，无泥膜，有光泽，种脐黑色，种子百粒重14g左右。抗病，耐旱。

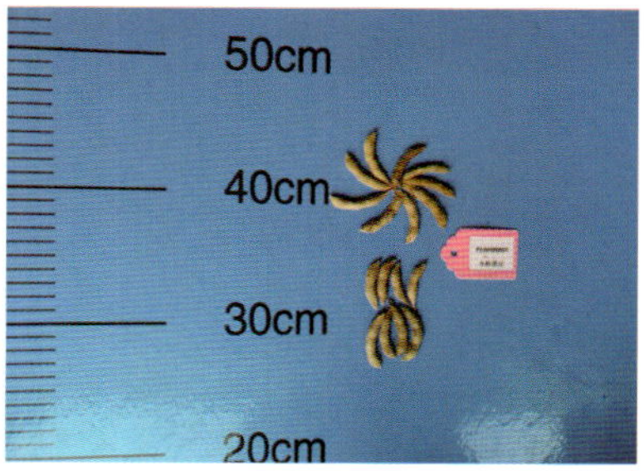

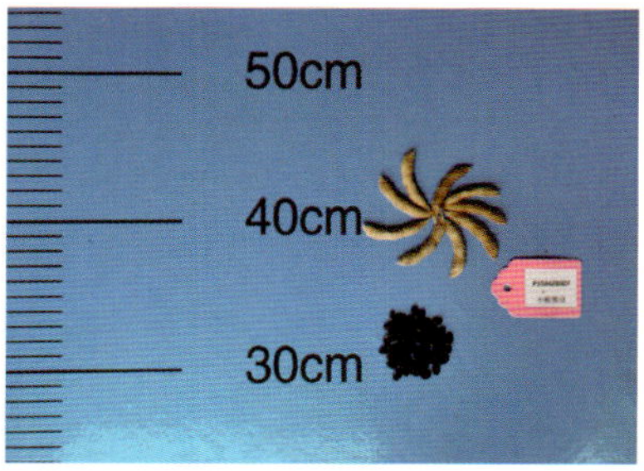

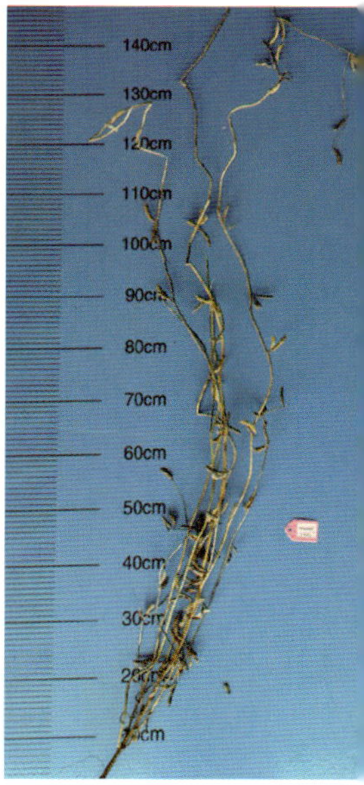

P150429003 绿心黑豆

作物名称　大豆

种质名称　绿心黑豆

科　　名　豆科

属　　名　大豆属

种　　名　大豆

学　　名　*Glycine max*（Linn.）Merr.

采 集 地　内蒙古赤峰市宁城县天义镇

主要特征特性　一年生草本，直立型品种，地方特用品种，生育期124天。椭圆叶，小叶三片，叶柄长；白色花冠，花序短；灰色茸毛，茸毛直立，密度中；株型收敛，无限结荚习性；主茎明显，强度中；株高105~110cm，分枝多5~6个，主茎节数18个，每节荚数1~2个，单株荚数55个，单株粒数100~105粒；荚弯镰形，荚皮深褐色，籽粒黑色、圆形，微光泽，种脐白色，种子中粒，百粒重12g左右。抗病性好，耐旱。

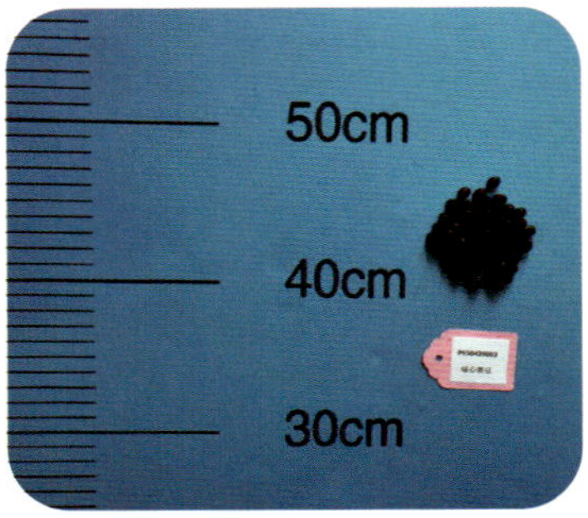

P150429005 扁粒黑豆

作物名称　大豆

种质名称　扁粒黑豆

科　　名　豆科

属　　名　大豆属

种　　名　大豆

学　　名　*Glycine max*（Linn.）Merr.

采 集 地　内蒙古赤峰市宁城县天义镇

主要特征特性　半直立品种，地方特用品种，生育期123天左右。子叶绿色，下胚轴紫色；卵圆叶，小叶三片；紫色花冠，花序短；灰色茸毛，茸毛直立，密度中；株型半开张，无限结荚习性；主茎明显，强度弱，倒伏；株高140cm左右，分枝4~5个，主茎节数22~24个，每节荚数2个，单株荚数65个左右，单株粒数105~130粒；荚皮深褐色，籽粒黑色、扁圆形，无光泽，种子中粒，百粒重13g左右。抗病性好，抗旱。

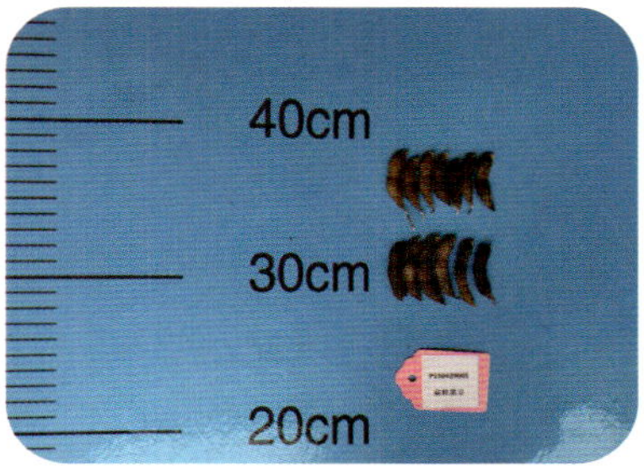

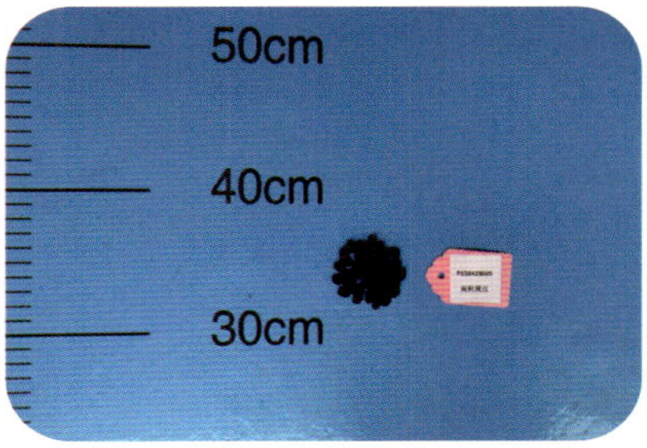

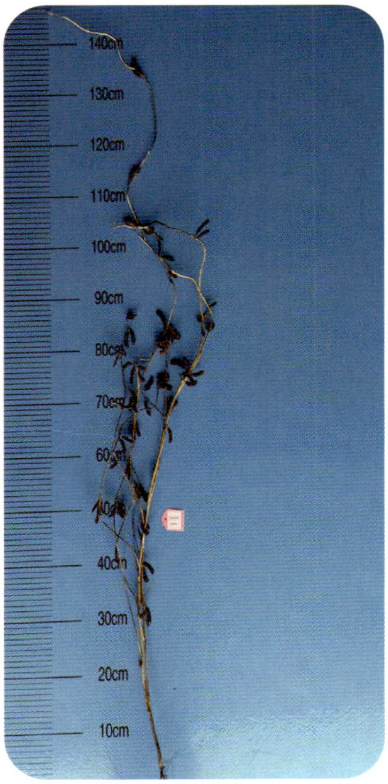

P150429041 老式黄豆

作物名称　大豆
种质名称　老式黄豆
科　　名　豆科
属　　名　大豆属
种　　名　大豆
学　　名　*Glycine max* (Linn.) Merr.
采 集 地　内蒙古赤峰市宁城县右北平镇

主要特征特性　一年生草本，直立型品种，地方品种，生育期124天。卵圆叶，小叶三片，叶柄长；紫色花冠，花序短；灰色茸毛，茸毛直立，密度中；株型半开张，亚有限结荚习性；主茎明显，强度中，水肥条件好易倒伏；株高100cm左右，分枝2~3个，主茎节数19个，每节荚数2~3个，单株荚数50个左右，单株粒数95~110粒；荚皮浅褐色，籽粒黄色、圆形，无光泽，种子大粒，百粒重20g左右。

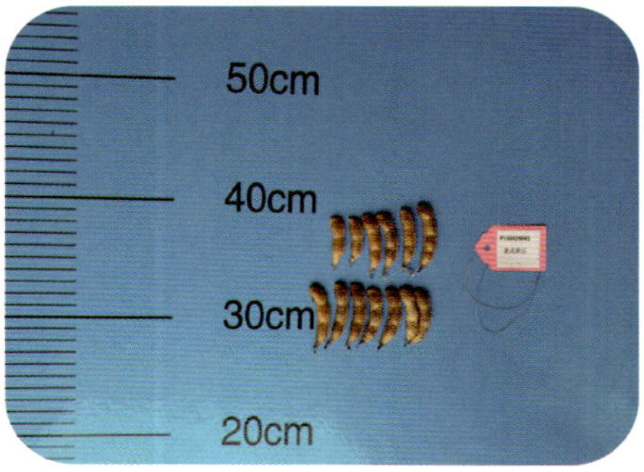

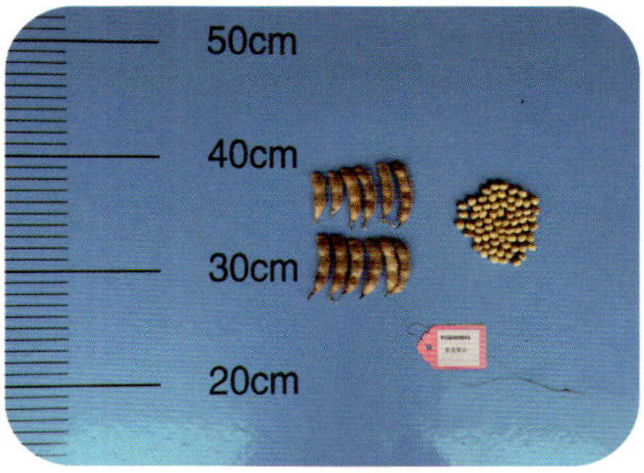

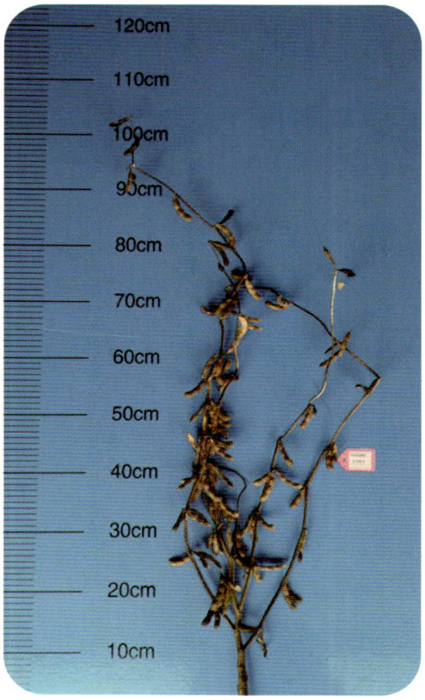

P150430033 敖汉黑豆

作物名称　大豆

种质名称　敖汉黑豆

科　　名　豆科

属　　名　大豆属

种　　名　大豆

学　　名　*Glycine max*（Linn.）Merr.

采 集 地　内蒙古赤峰市敖汉旗新惠镇三宝山村

主要特征特性　一年生草本，半蔓生品种，地方特用品种，生育期126天左右。株型收敛，无限结荚习性；椭圆叶，小叶三片，叶柄长；紫色花冠，花序短；灰色茸毛，茸毛直立；株高150~160cm，分枝数4~5个，主茎节数23节，单株荚数60个以上，单株粒数125~140粒；豆荚弯镰形，种子间稍缢缩；荚皮黄褐色，籽粒黑色、扁圆形，无光泽，种脐黑色，种子中粒，百粒重14g左右。抗病，耐旱。

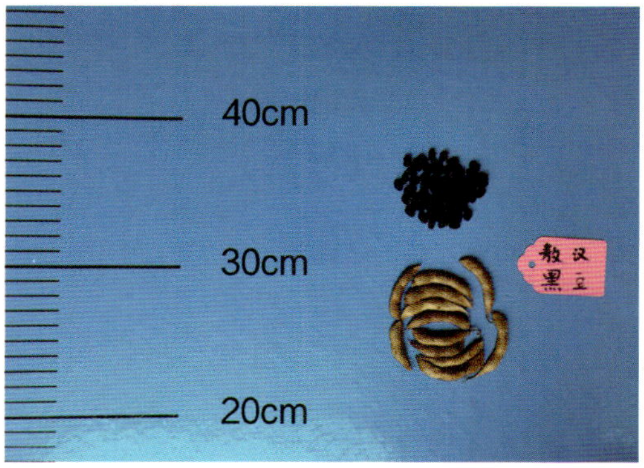

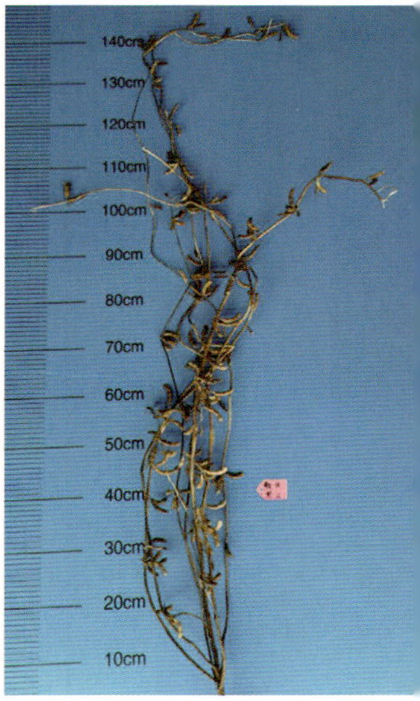

P150404017 裕隆老牛角椒

作物名称　辣椒

种质名称　裕隆老牛角椒

科　　名　茄科

属　　名　辣椒属

种　　名　辣椒

学　　名　*Capsicum annuum* L.

采 集 地　内蒙古赤峰市松山区当铺地满族乡北道村

主要特征特性　一年生草本，半直立生长，无限生长类型。株高111.5cm，主茎色绿，叶色浅绿，叶片长卵圆形，最大叶片长16.6cm，最大叶宽8.4cm。果实牛角形，果面较光滑，有光泽，青熟果绿色，老熟果红色，单果重79g，果实纵径16.5cm，横径3.5cm，味辣，心室数3个。种子千粒重6.52g。

P150425018 笨辣椒

作物名称　辣椒

种质名称　笨辣椒

科　　名　茄科

属　　名　辣椒属

种　　名　辣椒

学　　名　*Capsicum annuum* L.

采 集 地　内蒙古赤峰市克什克腾旗万合永镇大河村

主要特征特性　一年生草本，半直立生长，无限生长类型。株高124.5cm，主茎色绿，叶色绿，叶片披针形，最大叶片长14.2cm，最大叶宽6.0cm。果实短锥形，果面皱，青熟果绿色，老熟果红色，单果重12.3g，果实纵径6.8cm，横径3.3cm，味辣，心室数3个。种子千粒重6.14g。

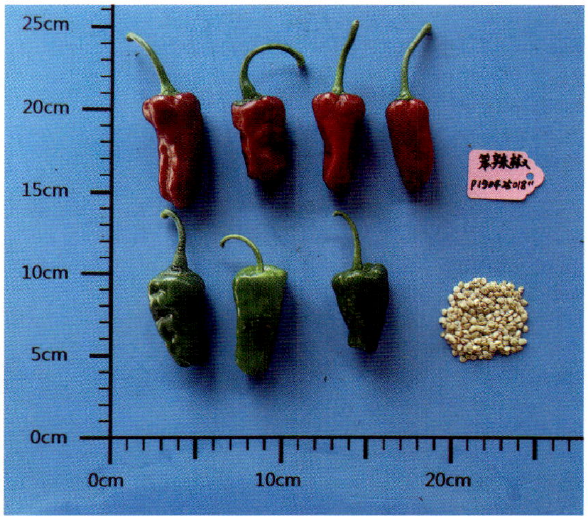

P150429011 保加利亚尖椒

作物名称　辣椒

种质名称　保加利亚尖椒

科　　名　茄科

属　　名　辣椒属

学　　名　*Capsicum annuum* L.

采 集 地　内蒙古赤峰市宁城县天义镇天南社区

主要特征特性　一年生草本，半直立生长，无限生长类型。株高116.3cm，主茎色绿，叶色绿，叶片长卵圆形，最大叶片长20.9cm，最大叶宽9.8cm。果实羊角形，果面光滑，有光泽，青熟果绿色，老熟果红色，生育期约180天。单果重56.4g，果实纵径23.5cm，横径3.7cm，味辣，心室数2~3个。种子千粒重8.08g。该品种适应性强，品质好，连续坐果能力强。

P150429008 赤峰牛角椒

作物名称　辣椒

种质名称　赤峰牛角椒

科　　名　茄科

属　　名　辣椒属

学　　名　*Capsicum annuum* L.

采 集 地　内蒙古赤峰市宁城地区

主要特征特性　一年生草本，半直立生长，无限生长类型。株高114.5cm，主茎色绿，叶色绿，叶片长卵圆形，最大叶片长17.3cm，最大叶宽8.1cm。果实牛角形，果面较光，青熟果绿色，老熟果红色，单果重87g，果实纵径18.5cm，横径4.5cm，味辣，心室数2~3个。种子千粒重6.72g。品种适应性强，果实品质好。

P150429010 黄皮羊角

作物名称　辣椒

种质名称　黄皮羊角

科　　名　茄科

属　　名　辣椒属

学　　名　*Capsicum annuum* L.

采 集 地　内蒙古赤峰市宁城县天义镇

主要特征特性　一年生草本，半直立生长，无限生长类型。株高123cm，主茎色绿，叶色绿，叶片长卵圆形，最大叶片长19.8cm，最大叶宽10.1cm。果实羊角形，果面光滑，有光泽，青熟果黄绿色，老熟果红色，单果重62g，果实纵径21.8cm，横径3.5cm，味辣，心室数2~3个。种子千粒重8.48g。品种适应性好，辣味浓，品质优。

P150429012 早熟甜椒

作物名称　辣椒
种质名称　早熟甜椒
科　　名　茄科
属　　名　辣椒属
学　　名　*Capsicum annuum* L.
采 集 地　内蒙古赤峰市宁城县天义镇

主要特征特性　一年生草本，半直立生长，无限生长类型。株高95.3cm，主茎色绿，叶色浅绿，叶片卵圆形，最大叶片长20.9cm，最大叶宽11.4cm。果实灯笼形，果面光滑，有光泽，青熟果深绿色，老熟果红色，单果重162g，果实纵径9.1cm，横径8.3cm，味甜，心室数3~4个。种子千粒重7.76g。

P150403021 黄柿子

作物名称　番茄

种质名称　黄柿子

科　　名　茄科

属　　名　番茄属

学　　名　*Lycopersicon esculentum* Mill

采 集 地　内蒙古赤峰市元宝山区小五家乡小五家村

主要特征特性　一年生草本植物，半直立生长，无限生长类型。叶片羽状复叶，普通叶型，花为两性花，黄色。青熟果白绿色，有绿肩，老熟果橘黄色，果实扁圆形，光滑，肉质软，口感好。果实纵径6.95cm，横径8.05cm，单果重241g，种子千粒重3.48g。品种适应性广，在土层深厚、排水良好、富含有机质的肥沃壤土上生长较好。

P150404016 老大黄番茄

作物名称　番茄

种质名称　老大黄番茄

科　　名　茄科

属　　名　番茄属

种　　名　番茄

学　　名　*Lycopersicon esculentum* Mill

采 集 地　内蒙古赤峰市松山区当铺地满族乡

主要特征特性　一年生草本，半直立生长，无限生长类型。叶片羽状复叶，普通叶型，花为两性花，黄色。青熟果白绿色，有绿肩，老熟果橘黄色，果实圆形，光滑，果脐大。果实纵径7.85cm，横径7.45cm，单果重268g，种子千粒重3.49g。品种适应性广，在土层深厚、排水良好、富含有机质的肥沃壤土上生长较好。

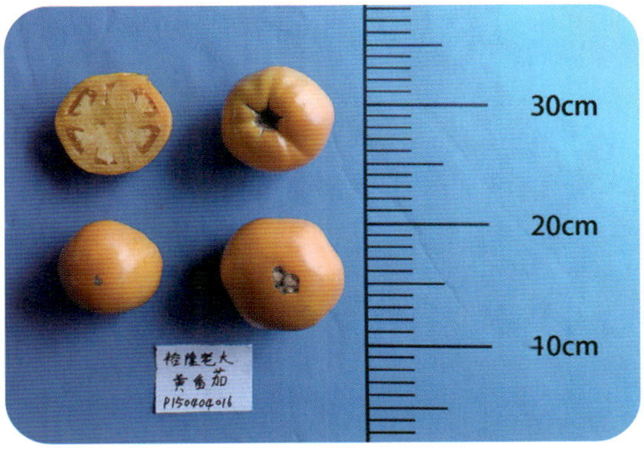

P150421010 橘黄柿子

作物名称　番茄

种质名称　橘黄柿子

科　　名　茄科

属　　名　番茄属

种　　名　番茄

学　　名　*Lycopersicon esculentum* Mill

采 集 地　内蒙古赤峰市阿鲁科尔沁旗乌兰哈达乡温都尔呼舒村

主要特征特性　一年生草本，半直立生长，无限生长类型。叶片羽状复叶，普通叶型，花为两性花，黄色。青熟果绿色，有绿肩，老熟果橘黄色，果实圆形，光滑。果实纵径12cm，横径13.3cm，单果重216g，种子千粒重3.65g。品种适应性广，在土层深厚、排水良好、富含有机质的肥沃壤土上生长较好。

P150429020 老式豆角（花皮）

作物名称　菜豆

种质名称　老式豆角（花皮）

科　　名　豆科

属　　名　菜豆属

学　　名　*Phaseolus vulgaris* L.

采 集 地　内蒙古赤峰市宁城县必斯营子镇

主要特征特性　一年生草本，茎缠绕生长，吊蔓，无限生长类型。苗期幼茎呈紫色，生长势强。羽状复叶，小叶宽卵形。总状花序，蝶形花，花冠紫色。荚果带形，扁，稍弯曲，长13.2cm，宽1.17cm，果皮绿色，老熟果果皮白色有紫色斑点，种子黄褐色，千粒重385.7g。菜豆性喜温暖，不耐霜冻。适宜生长在土层深厚、排水良好、有机质丰富的中性壤土中。适应性广，纤维少，品质优。

P150429016 绿皮豆角

作物名称　菜豆

种质名称　绿皮豆角

科　　名　豆科

属　　名　菜豆属

学　　名　*Phaseolus vulgaris* L.

采 集 地　内蒙古赤峰市宁城县忙农镇三家村

主要特征特性　一年生草本，茎缠绕生长，苗期幼茎绿色，吊蔓，无限生长类型。羽状复叶，小叶宽卵形。总状花序，蝶形花，花冠白色。荚果带形，扁，稍弯曲，长20.75cm，宽1.98cm，白绿色果皮，每荚7~8粒种子。种子黄褐色，千粒重306.9g。菜豆喜温暖，不耐霜冻。适宜生长在土层深厚、排水良好、有机质丰富的中性壤土中。

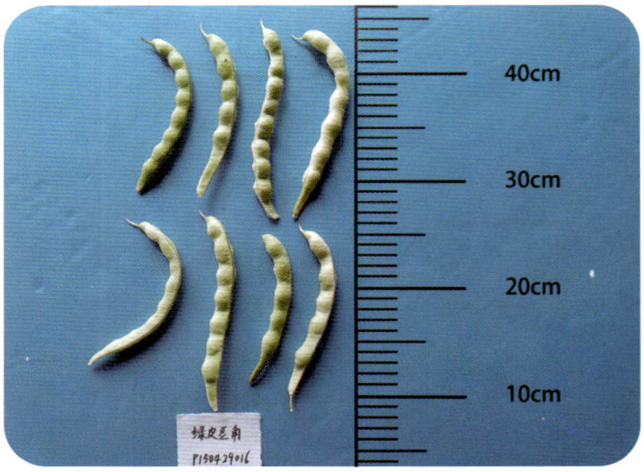

P150423017 巴彦琥硕豆角

作物名称　菜豆

种质名称　巴彦琥硕豆角

科　　名　豆科

属　　名　菜豆属

种　　名　菜豆

学　　名　*Phaseolus vulgaris* L.

采 集 地　内蒙古赤峰市巴林右旗巴彦琥硕镇巴彦琥硕村

主要特征特性　一年生草本，茎缠绕生长，吊蔓，无限生长类型。羽状复叶，小叶宽卵形。总状花序，蝶形花，花冠紫色。荚果带形，扁，稍弯曲，长20.3cm，宽1.1cm，白色果皮，种子黄棕色有黑色环状花纹，千粒重433.2g。果实品质优，少纤维。

P150430024 冬瓜

作物名称　冬瓜

种质名称　冬瓜

科　　名　葫芦科

属　　名　冬瓜属

种　　名　冬瓜

学　　名　*Benincasa hispida* (Thunb.) Cogn

采 集 地　内蒙古赤峰市敖汉旗下洼镇广兴太村

主要特征特性　一年生蔓生植物，茎被白刺，有棱沟，叶片绿色，呈心脏形，沿主叶脉呈羽状缺刻。雌雄花同株，果色浅绿，有浅黄绿色斑点状花纹，果形椭圆形，白瓤，果实纵径29.0cm，横径23.7cm，单果重6.12kg，种子千粒重151.6g。高产，抗病，抗虫。用于炖羊肉、煮汤，口感非常好。

P150421018 脆皮花梢瓜

作物名称　梢瓜

种质名称　脆皮花梢瓜

科　　名　葫芦科

属　　名　黄瓜属

种　　名　梢瓜

学　　名　*Cynanchum thesioides* (Freyn) K. Schum

采 集 地　内蒙古赤峰市阿鲁科尔沁旗坤都镇布仁塔拉村

主要特征特性　一年生茎蔓植物，有棱角，被刺毛，叶片为卵圆形。果色绿，长椭圆形，有纵长白线条，果肉色微黄，果实纵径38.6cm，横径9.2cm，果肉厚1.5~1.8cm，单果重3.87kg，种子千粒重16.52g。耐热性、耐湿性、抗旱、抗病性较强。

P150430009 顶心白

作物名称　打瓜

种质名称　顶心白

科　　名　葫芦科

属　　名　西瓜属

种　　名　西瓜

学　　名　*Citrullus lanatus* (Thunb.) Matdum & Nakai

采 集 地　内蒙古赤峰市敖汉旗四德堂镇四德堂村

主要特征特性　一年生草本，茎蔓生，有卷须。叶片绿色，三角状卵形，沿主叶脉呈羽状缺刻。雌雄花同株，果色深绿，果圆形，有浅绿色条纹，果肉色微黄。果实纵径15.5cm，横径15.5cm，单果重2.01kg，种子千粒重129.4g。

P150430012 吊瓜

作物名称　栝楼

种质名称　吊瓜

科　　名　葫芦科

属　　名　栝楼属

种　　名　栝楼

学　　名　*Trichosanthes kirilowii* Maxim

采 集 地　内蒙古赤峰市敖汉旗新惠镇木头营子平河村

主要特征特性　喜暖湿润气候，耐寒性较好，不耐旱，怕水涝。茎蔓生，叶片绿色，呈心脏形，有缺刻，果色墨绿，果长条葫芦形。果实纵径38cm，横径15cm，单果重2.9kg，种子千粒重140.2g。

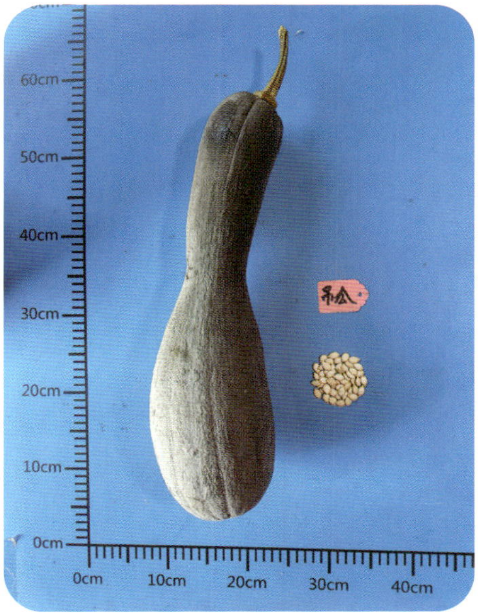

P150430011 食用葫芦

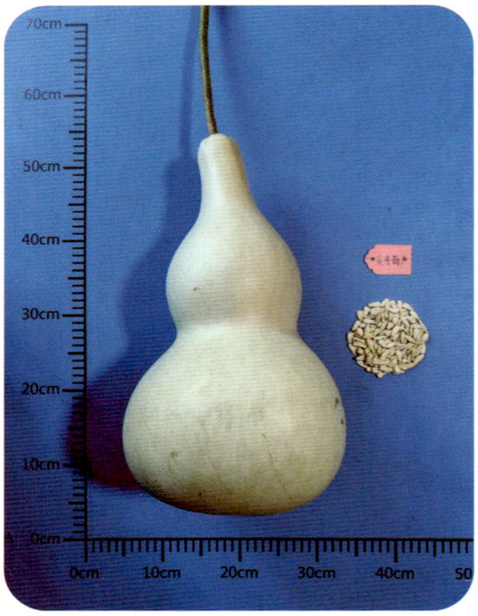

作物名称　食用葫芦

种质名称　食用葫芦

科　　名　葫芦科

属　　名　栝楼属

种　　名　栝楼

学　　名　*Trichosanthes kirilowii* Maxim

采 集 地　内蒙古赤峰市敖汉旗新惠镇新惠村

主要特征特性　一年生草本，茎蔓生，有卷须，叶片绿色，呈心脏形。雌雄花同株，果色嫩绿，果葫芦形。果实纵径41.7cm，横径24.3cm，单果重5.32kg。